高等学校虚拟现实技术系列教材

3ds Max
三维动画制作技术

梁艳霞　主编

清華大学出版社

北京

内 容 简 介

本书在介绍三维动画基本概念、相关术语、交互界面以及制作流程等基础知识的基础上,着重介绍如何利用 3ds Max 软件进行三维动画制作的各种方法,包括利用关键帧、修改器、控制器、轨迹视图、粒子系统、空间扭曲、MassFX 动力学,以及环境和特效进行三维动画制作,最后还介绍了动画后期合成处理的相关知识。

全书共 10 章,第 1 章着重介绍三维动画制作的基础知识,第 2 ~ 9 章着重探讨 3ds Max 中三维动画制作的各种方法和技术,第 10 章介绍动画后期合成处理的相关知识。全书提供了大量应用实例。

本书适合作为高等学校工业设计、产品设计、环境设计、包装设计、数字媒体技术、电影制作、虚拟现实技术、动画、影视技术、数字媒体艺术等专业本科生的教材,也可作为对三维建模有所了解并爱好三维动画制作的广大读者的自学参考书。

图书在版编目 (CIP) 数据

3ds Max 三维动画制作技术 / 梁艳霞主编 . —北京:清华大学出版社,2023.7(2025.2 重印)
高等学校虚拟现实技术系列教材
ISBN 978-7-302-63278-8

Ⅰ.① 3… Ⅱ.①梁… Ⅲ.①三维动画软件-高等学校-教材 Ⅳ.① TP391.414

中国国家版本馆 CIP 数据核字 (2023) 第 059710 号

责任编辑:安 妮 张爱华
封面设计:刘 键
责任校对:郝美丽
责任印制:刘 菲

出版发行:清华大学出版社
  网 址:https://www.tup.com.cn, https://www.wqxuetang.com
  地 址:北京清华大学学研大厦 A 座   邮 编:100084
  社 总 机:010-83470000   邮 购:010-62786544
  投稿与读者服务:010-62776969,c-service@tup.tsinghua.edu.cn
  质 量 反 馈:010-62772015,zhiliang@tup.tsinghua.edu.cn
  课 件 下 载:https://www.tup.com.cn, 010-83470236
印 装 者:三河市龙大印装有限公司
经 销:全国新华书店
开 本:185mm×260mm 印 张:14.25 插 页:2 字 数:353 千字
版 次:2023 年 8 月第 1 版   印 次:2025 年 2 月第 4 次印刷
印 数:4501 ~ 6500
定 价:59.00 元

产品编号:100795-01

序

FOREWORD

模拟仿真现实世界事物为人所用是人类自古以来一直追求的目标，虚拟现实（Virtual Reality，VR）是随着计算机技术，特别是高性能计算、图形学和人机交互技术的发展，人类在模拟仿真现实世界方向达到的最新境界。虚拟现实的目标是以计算机技术为核心，结合相关科学技术，生成与一定范围真实/构想环境在视、听、触觉等方面高度近似的数字化环境，用户借助必要的装备与数字化环境中的对象进行交互作用，相互影响，可以产生亲临相应真实/构想环境的感受和体验。

虚拟现实在工业制造、航空航天、国防军事、医疗健康、教育培训、文化旅游、演艺娱乐等战略性行业和大众生活领域得到广泛应用，推动相关行业的升级换代，丰富和重构人类的数字化工作模式，带来大众生活的新体验和新的消费领域。虚拟现实是新型信息技术，起步时间不长，发展空间巨大，为我国在技术突破、平台系统和应用内容研发方面走在世界前列，进而抢占相关产业制高点提供了难得的机遇。近年来，我国虚拟现实技术和应用发展迅速，形成 VR+X 发展趋势，导致对虚拟现实相关领域人才需求旺盛。因此，加强虚拟现实人才培养，成为我国高等教育界的迫切任务。为此，教育部在加强虚拟现实研究生培养的同时，也在本科专业目录中增加了虚拟现实专业，进一步推动虚拟现实人才培养工作。

人才培养，教材为先。教材是教师教书育人的载体，是学生获取知识的桥梁，教材的质量直接影响学生的学习和教师的教学效果，是保证教学质量的基础。任何一门学科的人才培养，都必须高度重视其教材建设。首先，虚拟现实是典型的交叉学科，技术谱系宽广，涉及计算机科学、图形学、人工智能、人机交互、电子学、机械学、光学、心理学等诸多学科的理论与技术；其次，虚拟现实技术辐射力强大，可应用于各行业领域，而且发展迅速，新的知识内容不断迭代涌现；同时，实现一个虚拟现实应用系统，需要数据采集获取、分析建模、绘制表现和传感交互等多方面的技术，这些技术均涉及硬件平台与装置、核心芯片与器件、软件平台与工具、相关标准与规范，以及虚拟现实+行业领域的内容研发等。因此虚拟现实方面的人才需要更多的数理知识、图形学、人机交互等有关专门知识和计算机编程能力。上述因素给虚拟现实教材体系建设带来很大挑战性，必须精心规划，精心设计。

基于上述背景，清华大学出版社规划、组织出版了"高等学校虚拟现实技术系列教材"。该系列教材比较全面地涵盖了虚拟现实的核心理论、关键技术和应用基础，包括计算机图形学、物理建模、三维动画制作、人机交互技术，以及视觉计算、机器学习、网络通信、传感器融合等。该系列教材的另一个特点是强调实用性和前瞻性。除基础理论外，介绍了一系列先进算法和工具，如可编程图形管线、Shader 程序设计等，这些都是图形渲染和虚拟现实应用中不可或缺的技术元素，同时，还介绍了虚拟现实前沿技术和研究方向，激发读者对该领域前沿问题的探索兴趣，为其今后的学术发展或职业生涯奠定坚实的基础。

该系列教材的作者都是在虚拟现实及相关领域从事理论、技术研究创新和应用系统研发多年的专家、学者，每册教材都是作者对其所著述学科包含的知识、技术内容精心裁选，并深耕细作的心血之作，是相关学科知识、技术的精华和作者智慧的结晶。该系列教材的出版是我国虚拟现实教育界的幸事，具有重要意义，为虚拟现实领域的高校教师、学生提供了全面、深入、成系列且具实用价值的教学资源，为培养高质量虚拟现实人才奠定了教材基础，亦可供虚拟现实技术研发人员选读参考，助力其为虚拟现实技术发展和应用做出贡献。希望该系列教材办成开放式的，随着虚拟现实技术的发展，不断更新迭代、增书添籍，使我们培养的人才永立虚拟现实潮头、前沿。

北京航空航天大学教授
虚拟现实技术与系统全国重点实验室首席专家
中国工程院院士

前言
PREFACE

当今时代，随着计算机技术的迅猛发展和深入应用，计算机三维动画已渗透到各行各业、各个领域。尤其是近年来，随着三维仿真、虚拟现实、增强现实、混合现实、元宇宙等概念的出现，计算机虚拟仿真技术无论是在广度还是在深度方面均达到了前所未有的程度。目前，能够制作三维动画的软件有很多，如 3ds Max、Maya、Softimage XSI、LightWave 3D、Houdini、Cinema 4D 等。在上述众多软件中，3ds Max 软件以其功能强大、容易上手、性价比高、便于交流等特点受到全球广大三维动画制作者和动画制作公司的青睐，因此本书以 3ds Max 2020 软件为例介绍三维动画制作技术。

在本书的编写过程中，编者结合自己二十年来的高校教学实践，根据高校培养应用型技术人才的需要，对教材内容进行了认真规划、仔细斟酌。本着循序渐进、理论联系实际的原则，教材内容以适量、实用为度，注重理论知识的运用，着重培养学生应用理论知识分析和解决实际问题的能力，力求叙述简练、概念清晰、深入浅出、通俗易懂。考虑学习三维动画制作的读者一般均已具备一定的三维建模和渲染基础，因此本书的重点在于介绍三维动画制作技术，对于建模和渲染部分未深入介绍，只是在实例讲解过程中会顺便提到，希望读者结合自己的实际情况进行内容的选用。

本书较为全面地介绍了利用 3ds Max 软件进行三维动画制作的技术，共分 10 章，包含 43 个操作实例。每个教学模块大致可分为理论概述、命令介绍和实例演练 3 个环节，理论概述介绍教学模块中的相关理论知识；命令介绍讲解教学模块中的重点命令，包括命令的功能和应用方法步骤；实例演练则是通过精心设计和选择的操作实例，一步步地演练教学模块中介绍过的重点命令，让读者通过具体练习掌握软件在实际动画制作中的应用。编者希望通过这种层层递进、理论与实践相结合的方式，使读者能够领会理论内容，掌握操作方法，从而达到学以致用、举一反三的效果。

本书各章主要内容如下。

第 1 章是概述，介绍三维动画的概念、应用、相关术语、制作流程和 3ds Max 软件中与动画制作相关的操作界面。

第 2 章是关键帧动画，介绍关键帧动画设置的两种方法，以及参数动画、变换动画、材质动画、灯光动画、摄影机动画、复合对象动画等内容。

第 3 章是修改器动画，介绍利用常用的几种修改器进行动画制作，包括"波浪"修改器、"涟漪"修改器、"噪波"修改器、"弯曲"修改器和"路径变形（WSM）"修改器。

第 4 章是轨迹视图，详细介绍轨迹视图的两种形式，即摄影表和曲线编辑器的主要功能与使用方法，并通过综合实例进行操作演示。

第 5 章是控制器动画，介绍动画控制器基础知识、约束动画的概念和常用的约束动画类型以及常用的 3 种动画控制器。

第 6 章是粒子系统动画，详细介绍喷射、雪、超级喷射、暴风雪、粒子阵列、粒子云这 6 种类型的粒子，并简要介绍粒子流源。

第 7 章是空间扭曲动画，介绍"力""导向器""几何 / 可变形"这 3 大类空间扭曲，针对每一类，重点介绍常用的几种空间扭曲，并结合实例进行了演示。

第 8 章是 MassFX 动力学动画，介绍 MassFX 基础知识，以及常用的几种动力学，如刚体、布料、约束辅助对象和碎布玩偶在动画制作中的应用。

第 9 章是环境与特效动画，介绍"环境和效果"编辑器，以及环境、效果的相关理论，并通过一个综合实例演示环境和效果的应用。

第 10 章是动画输出与后期处理，介绍在 3ds Max 软件中进行动画输出和视频后期处理的方法，并简要介绍利用 AE 软件进行后期处理的方法步骤。

本书适合作为高等学校工业设计、产品设计、环境设计、包装设计、数字媒体技术、电影制作、虚拟现实技术、动画、影视技术、数字媒体艺术等专业本科生的教材，也可作为对三维建模有所了解并爱好三维动画制作的广大读者的自学参考书。

随书附带的电子文件中收录了书中全部实例的文件、所用的贴图文件以及教学课件。

由于编者水平有限，书中难免有不妥之处，敬请各位读者批评指正。

编　者

2023 年 4 月

目录
CONTENTS

第1章 概述 ·· 1

1.1 三维动画的概念 ·· 1

1.2 三维动画的应用 ·· 1

    1.2.1 建筑领域 ·· 1

    1.2.2 工业领域 ·· 1

    1.2.3 影视动画 ·· 2

    1.2.4 游戏动画 ·· 2

    1.2.5 虚拟现实 ·· 2

1.3 三维动画相关术语 ·· 3

    1.3.1 帧 ··· 3

    1.3.2 关键帧和中间帧 ·· 4

    1.3.3 帧速率 ·· 4

    1.3.4 视频制式 ·· 4

1.4 三维动画制作流程 ·· 4

    1.4.1 前期设定 ·· 5

    1.4.2 中期制作 ·· 5

    1.4.3 后期合成 ·· 5

1.5 3ds Max 软件中的动画界面 ·· 5

    1.5.1 "动画"主菜单 ·· 6

    1.5.2 "运动"命令面板 ·· 6

    1.5.3 时间线 ·· 6

    1.5.4 动画控制区 ·· 7

第2章 关键帧动画 ·· 9

2.1 关键帧动画设置方法 ·· 9

    2.1.1 "自动关键点"动画 ·· 9

    2.1.2 "设置关键点"动画 ··· 11

    2.1.3 两种设置方式的对比 ··· 12

2.2 参数动画 ··· 13

2.3 变换动画 ··· 16

2.4 材质动画 ··· 20

2.4.1 材质颜色动画 ··· 20

2.4.2 "混合"材质动画 ··· 21

2.5 灯光动画 ··· 28

2.6 摄影机动画 ·· 29

2.7 复合对象动画 ·· 34

2.7.1 放样动画 ··· 34

2.7.2 布尔动画 ··· 37

第3章 修改器动画 ··· 42

3.1 "波浪"修改器动画 ·· 42

3.2 "涟漪"修改器动画 ·· 44

3.3 "噪波"修改器动画 ·· 47

3.4 "弯曲"修改器动画 ·· 48

3.5 "路径变形（WSM）"修改器动画 ································· 50

第4章 轨迹视图 ··· 58

4.1 轨迹视图 - 摄影表 ·· 58

4.1.1 摄影表工作界面 ·· 59

4.1.2 摄影表功能 ·· 59

4.2 轨迹视图 - 曲线编辑器 ·· 61

4.2.1 曲线编辑器打开方法 ·· 61

4.2.2 曲线编辑器工作界面 ·· 62

4.2.3 功能曲线 ·· 62

4.2.4 设置循环动画 ·· 66

4.3 综合实例 ··· 69

4.3.1 弹跳的弹簧 ·· 69

4.3.2 小球碰撞 ·· 74

第5章 控制器动画 ··· 80

5.1 动画控制器基础知识 ·· 80

5.2 约束动画 ··· 81

5.2.1 约束的概念 ·· 81

5.2.2 约束的类型 ·· 82

5.3 常用动画控制器 ·· 95

5.3.1 "路径约束"控制器 ·· 95

5.3.2 "噪波位置"控制器 ·· 97

5.3.3 "位置列表"控制器 ··· 102

第6章 粒子系统动画 ·· 106

6.1 喷射 ·· 106

6.2 雪 ·· 109

6.3 超级喷射 ·· 111

6.4 暴风雪 ·· 120

6.5　粒子阵列 ··· 123

6.6　粒子云 ·· 126

6.7　粒子流源 ··· 128

第 7 章　空间扭曲动画 ··· 130

7.1　"力"空间扭曲 ··· 130

7.1.1　推力 ·· 131

7.1.2　马达 ·· 131

7.1.3　漩涡 ·· 131

7.1.4　阻力 ·· 131

7.1.5　粒子爆炸 ·· 132

7.1.6　路径跟随 ·· 132

7.1.7　重力 ·· 132

7.1.8　风 ··· 132

7.1.9　置换 ·· 133

7.1.10　运动场 ·· 133

7.1.11　"力"空间扭曲实例：燃烧的香烟 ·· 133

7.2　"导向器"空间扭曲 ··· 141

7.2.1　泛方向导向板 ··· 141

7.2.2　泛方向导向球 ··· 141

7.2.3　全泛方向导向 ··· 142

7.2.4　全导向器 ·· 142

7.2.5　导向球 ··· 142

7.2.6　导向板 ··· 142

7.2.7　"导向器"空间扭曲实例：茶壶倒水 ·· 143

7.3　"几何 / 可变形"空间扭曲 ·· 147

7.3.1　FFD（长方体） ··· 147

7.3.2　FFD（圆柱体） ··· 148

7.3.3　波浪 ·· 149

7.3.4　涟漪 ·· 150

7.3.5　爆炸 ·· 150

7.3.6　"几何 / 可变形"空间扭曲实例一：气泡爆炸 ····························· 151

7.3.7　"几何 / 可变形"空间扭曲实例二：计算机屏保动画 ···················· 155

第 8 章　MassFX 动力学动画 ··· 160

8.1　MassFX 基础知识 ·· 160

8.1.1　MassFX 动力学交互方式 ·· 160

8.1.2　MassFX 工具栏介绍 ·· 161

8.1.3　MassFX 动力学动画制作流程 ··· 163

8.2　刚体 ··· 163

8.2.1　刚体常用参数 ··· 163

8.2.2　刚体实例演练：木箱掉落 ·· 167

8.3　布料 ·· 170

8.3.1　布料常用参数 ·· 170

8.3.2　布料实例演练：桌布效果 ··· 173

8.4　约束辅助对象 ··· 176

8.4.1　约束辅助对象简介 ·· 176

8.4.2　约束辅助对象界面 ·· 176

8.5　碎布玩偶 ··· 179

8.5.1　碎布玩偶参数 ··· 180

8.5.2　碎布玩偶动画 ··· 182

第 9 章　环境与特效动画 ··· 183

9.1　"环境和效果"编辑器 ·· 183

9.2　"环境"选项卡 ··· 183

9.2.1　"公用参数"卷展栏 ·· 184

9.2.2　"曝光控制"卷展栏 ·· 184

9.2.3　"大气"卷展栏 ··· 186

9.3　"效果"选项卡 ··· 190

9.4　综合实例：星球爆炸 ··· 196

第 10 章　动画输出与后期处理 ·· 203

10.1　动画输出 ·· 203

10.1.1　动画预演输出 ·· 203

10.1.2　动画正式输出 ·· 204

10.1.3　预演输出与正式输出的异同 ·· 206

10.2　视频后期处理 ·· 206

10.3　AE 后期处理 ··· 213

10.3.1　AE 界面介绍 ·· 213

10.3.2　AE 后期处理工作流程 ·· 213

10.3.3　动画成片输出与压缩 ··· 216

参考文献 ··· 218

第 1 章

概述

1.1   三维动画的概念

三维动画又称 3D 动画，是 20 世纪随着计算机软硬件技术的发展和进步而产生的，是计算机图形图像技术与艺术设计等学科相结合的一门交叉学科。它主要通过计算机来模拟现实中的三维空间物体，在计算机中构造出三维几何造型，并给造型赋予表面材料、颜色、纹理等特性，然后设计造型的运动、变形，灯光的种类、位置、强度及摄像机的位置、焦距、移动路径等，最终生成一系列可以动态实时播放的运动图像的某种计算机格式文件，如 AVI 格式。

计算机参与的三维动画在一定程度上解放了动画师们的创作限制，它使动画的制作过程更为便捷，使动画的艺术表现更加丰富多彩。随着计算机软硬件技术、信息技术、可视化技术的不断进步，三维动画已逐渐成为动画产业的主流。

1.2   三维动画的应用

三维动画技术由于其精确性、真实性和易操作性，被广泛应用于建筑、工业、影视动画、游戏动画、虚拟现实、军事、医疗模拟、古建筑复原、产品展示等诸多领域。

1.2.1   建筑领域

当今时代，三维动画技术在建筑领域得到了最广泛的应用。建筑动画从脚本创作到精良的模型制作，再到后期的电影剪辑手法，以及原创音乐音效和情感式的表现方法，使得制作出的建筑动画综合水准越来越高，费用也比以前大大降低。建筑动画涉及的领域非常广泛，从建筑漫游、建筑生成，到城市规划、园林景观，以及古建筑修复等方面，三维动画以其真实、立体、生动的表现效果得到了越来越多业内人士和用户的好评，应用也越来越广泛。图 1.1 是某大型室外建筑动画的片段截图。

1.2.2   工业领域

三维动画在工业领域的应用也非常广泛，主要包括产品的工作原理和结构组成演示、产品的使用功能模拟、生产过程模拟等方面。如各种交通工具的运动动画、机械产品零部件展示动画、煤矿生产安全演示动画，以及电力生产输送过程、化学反应过程、工程施工过程等过程演示动画。图1.2是某高铁列车运动演示动画。

图1.1　某大型室外建筑动画的片段截图

图1.2　某高铁列车运动演示动画

1.2.3　影视动画

随着计算机在影视领域的延伸和制作软件的进步，三维数字影像技术扩展了影视拍摄的局限性，在视觉效果上弥补了拍摄的不足，同时计算机制作的成本也远低于实拍所产生的费用，此外，还可大大减少因外景地天气、季节变化而耽误的时间。影视三维动画从简单的影视特效到复杂的影视三维场景都能表现得淋漓尽致。广义上讲，各种片头动画、广告动画、影视特效等均可归为影视动画的范畴。

1.2.4　游戏动画

近年来，中国的动漫游戏产业取得了长足的进步，且发展迅速，初步形成了上海、长沙、广州、深圳等动漫游戏产业生产基地，很多省市将动漫游戏产业作为新的发展点和新兴支柱产业给予大力扶持。游戏动画已是当今时代非常热门和流行的词汇，相应也诞生了动漫游戏设计师这个职业。在游戏动画中，无论是三维场景、角色模型，还是人物动作、后期特效，均离不开计算机三维软件的支持。

1.2.5　虚拟现实

虚拟现实（Virtual Reality，VR）目前已广泛应用于地产销售、景点展示、舞台背景、博物馆、科技馆等行业领域，其最大特点是用户可以与虚拟环境进行人机交互，将被动式观看变为更逼真的体验互动。图 1.3 即为迎接 2022 北京冬奥会文艺演出中所用的虚拟现实技术。

图 1.3　虚拟现实舞台

除了上述领域，三维动画还可应用于军事、医疗模拟、古建筑复原、产品展示等方面。今天，数码三维、虚拟现实已成为一种潮流和技术趋势，它们的出现使各行各业都发生了翻天覆地的变革。因此，完全有理由相信，在不久的将来，三维动画技术必将发挥更大的作用。

1.3　三维动画相关术语

1.3.1　帧

动画是由一系列单个画面（图像）组成的，是给人们视觉造成连续变化的系列画面。动画的产生依据的是人的"视觉暂留"特性，即人眼看到物体后，在 1/24s 内不会消失，当投影机将连续画面以每秒 24 幅的速度投射在银幕上，人脑中就会产生物体"运动"的印象，此即动画的基本原理。

组成这些连续画面的单一静态图像，称为"帧"。例如，可以把"帧"理解为电影中的单张胶片，如图 1.4 所示。

图 1.4　电影胶片

1.3.2　关键帧和中间帧

如果以每秒 25 帧画面来计算，则一分钟的动画所需要的帧数即为 1500 帧。如果这些图像均通过手绘形式来完成，那么这将是一项相当艰巨的任务，因此，三维动画软件提供了一种"关键帧"技术，用以提高三维动画的制作效率。

关键帧指的是动画角色或者物体运动变化中关键动作所处的那一帧，相当于二维动画中的原画。关键帧与关键帧之间的动画叫作过渡帧或者中间帧，它们可以由软件自动计算后创建添加。图 1.5 是跑步的几个关键帧。

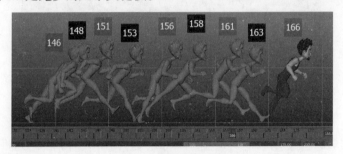

图 1.5　跑步的关键帧

1.3.3　帧速率

帧速率是指每秒刷新的图片的帧数，也可以理解为图形处理器每秒能够刷新多少次。越高的帧速率可以得到越流畅、越逼真的动画，但同时对系统资源的消耗也越大；反之，帧速率越低，动画画面则会出现抖动和卡顿现象。因此，根据实际需要设置适当的帧速率是十分必要的。目前，电影的帧速率一般为 24f/s，录像带的帧速率一般为 30f/s。

1.3.4　视频制式

由于各国生产的彩色电视机对色度信息的处理方法有所不同，因此目前世界上现存三种具有代表性的色度信息处理方法，又称为三种彩色电视制式，分别是 NTSC 制式、PAL制式和 SE CAM 制式。这三种制式对色差信号的具体处理方法明显不同，因此它们之间互不兼容。目前应用最广泛的是前两种制式，即 NTSC 制式和 PAL 制式。

NTSC（National Television Standards Committee）即（美国）国家电视标准委员会的全称。该制式于 1953 年由美国研制成功。目前，美国、日本、加拿大和韩国等国家和中国台湾地区采用这种制式。

PAL（Phase Alteration Line）制式即逐行倒相制式，于 1962 年由德国首先研制成功。目前，德国、英国、意大利、荷兰、朝鲜等国家和中国内地、中国香港采用这种制式。

因此，在制作和输出动画时，要首先确定好视频制式的类型，以免在动画播放速度上出现不兼容和失误情况。

1.4　三维动画制作流程

根据动画作品的实际制作流程，一部完整的三维动画作品总体上可分为前期设定、中期制作和后期合成三大部分。

1.4.1 前期设定

前期设定指的是在使用计算机正式制作之前，对动画作品进行规划与设计，主要包括脚本创作、分镜头创作、造型设定、场景设定等。

1.4.2 中期制作

中期制作即根据前期设定，在计算机中通过相关制作软件制作出动画片段，包括建模、材质贴图、灯光、摄影机、动画、渲染输出等，这部分是三维动画制作的核心，也是本书介绍的重点。

1.4.3 后期合成

三维动画的后期合成，主要是将之前所做的动画片段、图像、声音等素材，按照分镜头剧本的设计，通过非线性编辑软件的编辑，最终生成动画影视文件。

1.5 3ds Max 软件中的动画界面

随着计算机技术的普及，越来越多的动画使用计算机软件来进行制作，可以用来制作三维动画的软件众多，如 3ds Max、Maya、Softimage XSI、LightWave 3D、Houdini、Cinema 4D 等。

在众多软件中，3ds Max 软件以其功能强大、容易上手、性价比高、便于交流等特点受到全球广大三维动画制作者和公司的青睐。本书即以 3ds Max 2020 为例进行理论介绍和实例演示。

在 3ds Max 软件中，与动画制作相关的界面布局主要包括 4 大部分，如图 1.6 所示，分别为：

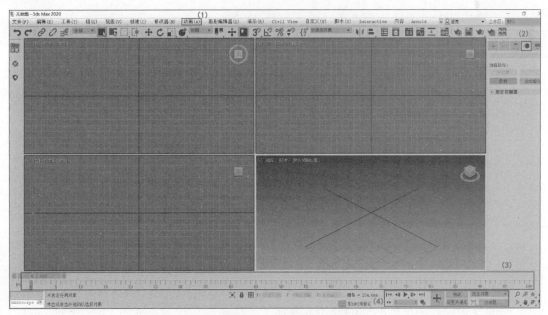

图 1.6　3ds Max 软件中的动画界面

（1）"动画"主菜单。

（2）"运动"命令面板。

（3）时间线。

（4）动画控制区。

以下对这4部分做简要介绍。

1.5.1　"动画"主菜单

"动画"主菜单中列出了与动画相关的常用命令，主要包括各类动画控制器以及约束等命令，有些命令还有下一级及再下一级子菜单，如图1.7所示，使用时直接单击即可执行命令。

1.5.2　"运动"命令面板

在3ds Max主界面右侧命令面板中，有一个"运动"命令面板专门用于设置动画，如图1.8所示。

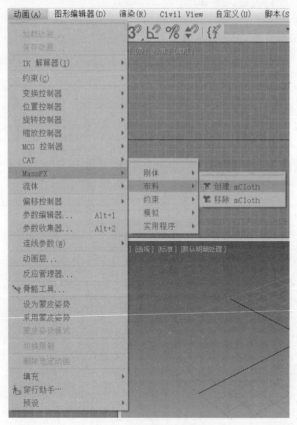

图1.7　"动画"主菜单

图1.8　"运动"命令面板

1.5.3　时间线

时间线用以控制动画时间的长短，并显示关键帧所在位置，如图1.6中序号"（3）"所示。

1.5.4 动画控制区

动画控制区位于软件界面右下角，主要包括动画播放、时间配置、自动关键帧、手动关键帧等工具，如图 1.9 所示。其主要按钮功能介绍如下。

（1）"自动"按钮 自动 ：启用"自动"按钮后，对模型位置、旋转和缩放等所做的更改都会自动设置成关键帧。

（2）"设置关键点"按钮 设置关键点 ：启用"设置关键点"按钮后，用户能够自己控制关键帧的时间和类型，在需要设置关键帧的位置单击 ＋ （设置关键点）按钮，即可创建关键点。

（3）动画播放按钮 ：这几个按钮的功能和录放机上的按钮类似，用以控制动画的播放和帧的切换，操作比较简单，在此不再赘述。

（4）"时间配置"按钮 ：单击该按钮可打开"时间配置"对话框，其中提供了帧速率、时间显示、播放、动画和关键点步幅等功能，如图 1.10 所示。

图 1.9 动画控制区   图 1.10 "时间配置"对话框

时间配置对于动画制作非常重要，通常在动画制作之前就需要进行设置，因此下面重点介绍"时间配置"对话框中主要参数的功能。

1. "帧速率"选项组

该选项组主要用以设置动画的帧速率，即每秒播放的帧数。默认状态下，所使用的是 NTSC 制式，表示每秒播放 30 帧画面；选择 PAL 单选按钮后，动画每秒播放 25 帧；选择"电影"单选按钮后，动画每秒播放 24 帧；如果选择"自定义"单选按钮，然后在 FPS 文本框内输入数值，即可以自定义动画播放的帧速率。

2. "时间显示"选项组

该选项组可对时间线和轨迹栏上的时间显示方式进行更改，系统提供了 4 种显示方式，分别为"帧"、SMPTE、"帧：TICK"和"分：秒：TICK"。其中，SMPTE是电影工程师协会的标准，用于测量视频和电视产品的时间。

默认NTSC制式下，将时间滑块拖动至第30帧时，4种显示方式对应的时间线如图1.11所示。

图1.11　4种时间显示方式

3. "播放"选项组

该选项组中的参数用以设置动画播放的速度、视口、是否循环等。

（1）实时：设置动画的播放速度。速度设置只影响动画在视口中的播放，不影响渲染效果。

（2）仅活动视口：动画播放仅在活动视口中进行。禁用该选项后，所有视口都将显示动画。

（3）循环：控制动画是只播放一次还是重复播放。

（4）速度：用以选择动画播放的速度，系统共提供了5种速度。

（5）方向：将动画设置为向前播放、反转播放或重复播放。

4. "动画"选项组

该选项组可以控制动画的总帧数、开始帧和结束帧等相关参数。

（1）开始时间/结束时间：设置在轨迹栏中显示的活动时间段。

（2）长度：显示活动时间段的帧数。

（3）帧数：渲染时间段的数量。"帧数"为"长度"+1，如"长度"为100帧的时间段，渲染出的帧数为101帧。

（4）当前时间：指定时间滑块的当前帧。

（5）"重缩放时间"按钮：拉伸或收缩时间段内的动画，并重新定位轨迹中所有关键点的位置，使动画播放得更快或更慢。单击该按钮后，打开"重缩放时间"对话框，如图1.12所示，在"新建"选项组下的"开始时间"和"结束时间"文本框中输入相应的时间，单击"确定"按钮后即可按照新的时间段对当前时间段进行缩放。

图1.12　"重缩放时间"对话框

5. "关键点步幅"选项组

该选项组设置开启"关键点模式"按钮⬥后，单击"上一关键点"按钮◀或"下一关键点"按钮▶时，系统在时间轨迹栏中就会以关键点方式进行切换。

第 2 章

关键帧动画

关键帧动画是最基本的动画制作手段，主要记录动画对象的移动、旋转、缩放等变化。在 3ds Max 中有两种记录关键帧动画的方式，即"自动关键点"和"设置关键点"。这两种方式各有所长，用户可根据实际情况和使用习惯选择适当的方式来创建关键帧动画。

本章将主要介绍两种关键帧动画的设置方法，以及几种常见类型关键帧动画的制作。

2.1 关键帧动画设置方法

2.1.1 "自动关键点"动画

"自动关键点"模式是最常用的动画记录模式，通过该模式设置动画，系统会根据不同的时间，调整对象的状态，自动创建关键点，从而产生动画效果。

下面通过桌面跳球动画来学习"自动关键点"动画的制作流程。

【例 2.1】桌面跳球

本例的动画效果为一个小球在桌面上进行上下跳动，图 2.1 是中间某帧的截图。

图 2.1　桌面跳球效果

（1）模型创建。

在"创建"命令面板单击"长方体"按钮，创建一个长方体，将其命名为"桌面"，设置"长度"为 100，"宽度"为 100，"高度"为 5；然后单击"球体"按钮，创建一个球体，命名为"小球"，设置"半径"为10；利用"对齐"命令将小球与长方体进行中心对齐，并调整其高度方向间距为30，创建效果如图2.2所示。

说明： 本书所有实例数据中，尺寸单位均为系统默认的毫米，后续不再赘述。读者也可根据实际情况，使用"自定义"主菜单下的"单位设置"命令进行统一设置。

图2.2　创建长方体和球体

（2）材质贴图。

选择"桌面"对象，执行"渲染"主菜单下的"材质编辑器"命令（即执行"渲染"→"材质编辑器"命令），打开"材质编辑器–桌面"对话框。选择一个空白样本球，命名为"桌面"，在"漫反射"通道为其指定一幅木纹贴图，将其指定给"桌面"对象。同样，为"小球"指定一幅网球贴图，材质效果如图2.3所示。

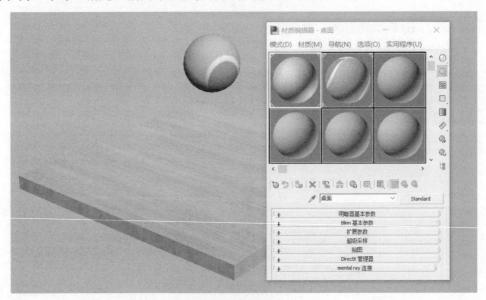

图2.3　小球材质效果

（3）动画制作。

在动画控制区单击"自动"按钮，开始动画录制，如图2.4所示。第0帧时，小球位于桌面以上30高度处，如图2.2所示；将时间滑块拖动至第20帧，让小球落到桌面上，与桌面相切，如图2.5所示；将时间滑块拖动至第40帧时，让小球又跳到桌面以上30高度处，拖动至第60帧时，让小球又落到桌面；以此类推，完成小球的动画关键帧设置。

小球各关键帧的状态数据如表 2.1 所示。在不同的关键帧，通过"对齐"和"移动"命令调整小球的位置，完成动画过程，最后再次单击"自动"按钮，结束动画录制。设置完成后，单击"播放动画"按钮观看动画效果。

图 2.4　单击"自动"按钮　　　　　图 2.5　小球在 20 帧时的状态

表 2.1　小球各关键帧的状态数据

帧　数	小球位置	高　度
0	原始位置	30
20	与桌面相切	0
40	原始位置	30
60	与桌面相切	0
80	原始位置	30
100	与桌面相切	0

2.1.2　"设置关键点"动画

在"设置关键点"模式下，用户需要在每个关键点处手动设置，系统不会自动记录用户的操作。

同样以例 2.1 为例，介绍"设置关键点"动画的应用。首先将例 2.1 中的关键点全部删除，小球回到如图 2.5 所示与桌面相切的状态。

（1）应用工具栏上的"选择并移动"工具，将小球垂直向上移动至桌面以上 30 高度处，如图 2.6 所示。

图 2.6　小球初始位置

（2）单击"设置关键点"按钮 设置关键点 ，该按钮变成红色，接着单击"设置关键点"图标 ➕ ，此时会发现在时间线第 0 帧处出现了一个关键帧标记，如图 2.7 所示。至此完成第 0 帧处关键点的设置。

（3）按照同样步骤，完成第 20 帧、第 40 帧、第 60 帧、第 80 帧、第 100 帧处关键点的设置。

（4）所有关键点设置完成后，再次单击"设置关键点"按钮 设置关键点 ，按钮颜色恢复为灰色，表明动画设置完成。

（5）单击"播放动画"按钮观看动画效果。

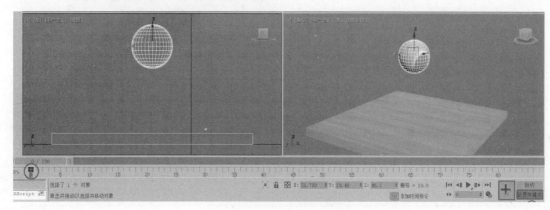

图 2.7 "设置关键点"动画

2.1.3 两种设置方式的对比

通过 2.1.1 节中实例动画的操作流程，发现"自动关键点"动画主要包括以下几个步骤：

（1）选择动画对象，单击"自动"按钮；

（2）移动时间滑块；

（3）变换动画对象；

（4）动画记录完成，关闭"自动"按钮。

通过 2.1.2 节中实例动画的操作流程，发现"设置关键点"动画主要包括以下几个步骤：

（1）选择动画对象，单击"设置关键点"按钮，在起始帧单击"设置关键点"图标 ➕ ；

（2）移动时间滑块；

（3）变换动画对象，再次单击"设置关键点"图标 ➕ ；

（4）动画记录完成，关闭"设置关键点"按钮。

通过以上对比会发现，与"自动关键点"模式相比，"设置关键点"模式在动画对象的每一次变换后均要手动单击"设置关键点"图标 ➕ 以示确认，感觉比较麻烦一些，但实际上，两种方式各有其优缺点：

"自动关键点"模式操作灵活方便，但动画记录只能根据时间滑块从前往后进行。

"设置关键点"模式操作相对烦琐，但动画记录可由前往后，也可由后往前进行录制，此项功能往往能解决动画制作过程中遇到的一些棘手问题。

2.2 参数动画

动画的产生有两个必备条件，即时间的变换和画面的改变，两者缺一不可。在三维动画制作中，动画对象的任何一个参数发生变化，如果将其记录下来，便可生成一段动画。本小节将通过一个简单实例，介绍参数动画的制作方法。

【例 2.2】环状物动画

本例中，以一个环状物创建参数的变化为例，介绍参数动画。读者可在此基础上举一反三，取得更加丰富多彩的动画效果。图 2.8 是该实例动画中间帧的截图。

（1）设置动画时间长度。

在界面下方动画控制区单击"时间配置"按钮❄，打开"时间配置"对话框，如图 2.9 所示。在该对话框中，将动画的"结束时间"修改为 200，单击"确定"按钮，关闭对话框，此时会发现动画时间轴总长度已修改为 200 帧。

图 2.8　环状物动画

（2）创建模型。

在命令面板上执行"创建"→"几何体"→"扩展基本体"→"环形结"命令，如图 2.10 所示，在透视图中用鼠标拖拉创建一个环形结，如图 2.11 所示，同时修改其参数，基础曲线主要参数：半径 =50（注意，在参数后的文本框中输入整数后，软件会自动将其转换为小数，为使读者阅读和操作方便，后续描述均以整数表示，不再重复说明），分段 =500，P=1，Q=9；横截面主要参数：半径 =0.5，边数 =12，偏心率 =1，扭曲 =0。

模型创建完成后，可给模型赋予相应材质或贴图，使其美观。

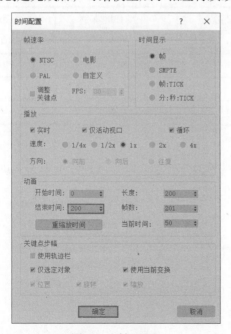

图 2.9　时间配置

图 2.10　创建"环形结"命令

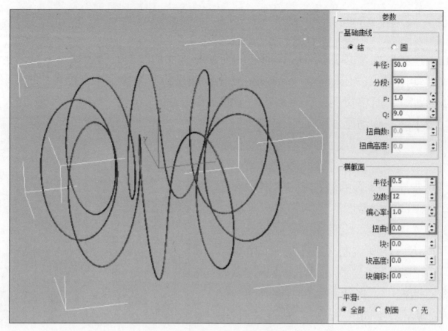

图 2.11 "环形结"参数面板

（3）设置动画。

单击动画控制区的"自动"按钮，开始录制动画，将第 0 帧、第 70 帧、第 130 帧、第 200 帧设置为关键帧，在每个关键帧分别修改环形结的相关参数，各关键帧的具体参数值如表 2.2 所示。4 个关键帧设置结束后，再次单击"自动"按钮，结束动画录制；此时单击"播放动画"按钮，可观看动画效果。

表 2.2 各关键帧的具体参数

参　　数	第 0 帧	第 70 帧	第 130 帧	第 200 帧
P	1	10	10	1
Q	9	12	16	9
偏心率	1	5	1	1
扭曲	0	50	20	0

（4）渲染输出。

录制完成的动画可根据需要保存为 AVI 或其他格式，才可在媒体播放器中进行播放，此项工作即为渲染输出。渲染输出的步骤如下：

① 打开"渲染设置"对话框。

执行"渲染"→"渲染设置"命令，如图 2.12 所示，即可打开如图 2.13 所示的"渲染设置：扫描线渲染器"对话框。

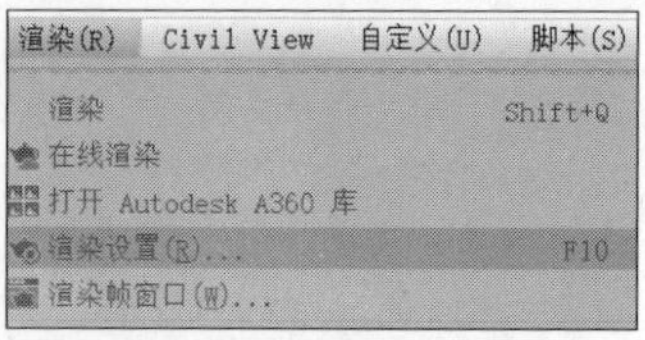

② 设置"时间输出"。

图 2.12 执行"渲染设置"命令

在"时间输出"选项组中，软件提供了 4 个单选按钮，分别为"单帧""活动时间段""范围"和"帧"，用以指定需要渲染输出的动画范围。"单帧"选项用以渲染输出当前帧的图片;"活动时间段"选项用以渲染输出整个设置过动画的时间段图片;"范围"选项用以渲染输出指定时间段内的动画片段;"帧"选项用以渲染输出指定的多帧图片,系统默认为"单帧"。

在此选择"活动时间段"单选按钮,即将 0 ~ 200 帧的动画过程完整地渲染输出,如图 2.14 所示。

图 2.13 "渲染设置:扫描线渲染器"对话框

图 2.14 设置"时间输出"

③ 设置"输出大小"。

"输出大小"选项组显示出几种常用的图片尺寸,可从中选择一种,也可自行输入"宽度"和"高度"数值,以确定渲染输出的图片大小,此处采用默认值,如图 2.15 所示。

④ 设置"渲染输出"。

在如图 2.16 所示的"渲染输出"选项组中,主要设置渲染文件的保存选项,单击其中的"文件"按钮,即可打开如图 2.17 所示的"渲染输出文件"对话框,在该对话框中指定文件的保存路径、文件名和保存类型,在动画制作中保存类型均为"AVI 文件",设置好后,单击"保存"按钮,此时系统弹出如图 2.18 所示的"AVI 文件压缩设置"对话框,在其中可自行设置相关参数,单击"确定"按钮,"渲染输出文件"对话框关闭,自动返回"渲染设置"对话框中。

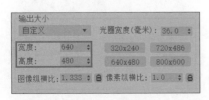

图 2.15 设置"输出大小"

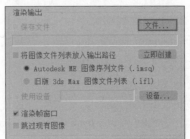

图 2.16 设置"渲染输出"

图 2.17 "渲染输出文件"对话框　　　　　图 2.18 "AVI 文件压缩设置"对话框

⑤ 渲染。

在以上设置完成后，此时单击如图 2.13 所示的"渲染设置：扫描线渲染器"对话框右上角的"渲染"按钮，即可进行动画的逐帧渲染，渲染完成后生成的 AVI 文件可在任意播放器中进行播放，图 2.8 是从中截取的一帧画面。

以上渲染输出步骤适用于后续所有实例的渲染，后续将直接引用，不再详述。

2.3　变换动画

3ds Max 中的变换指的是对模型对象进行移动、旋转、缩放，以及对象的复制、镜像、阵列、对齐等操作。由于变换过程中模型的大小、位置、角度、方向、数量等因素会发生变化，因此，如果将其记录下来，即可生成相应的动画。本节将通过两个实例，介绍对象的变换动画，其他类型的变换动画读者可自行尝试。

【例 2.3】门旋转动画

以下将通过门的旋转，学习对象旋转动画的制作。图 2.19 是一扇门旋转后的状态。

（1）模型创建。

① 创建门。

执行"创建"→"几何体"→"标准基本

图 2.19　门旋转动画

体"→"长方体"命令，在透视图中拖拉出一个长方体，设置其"长度"为2000mm，"宽度"为760mm，"高度"为40mm，如图2.20所示。

② 创建门框。

执行"创建"→"几何体"→"扩展基本体"→C-Ext命令，在透视图中拖拉出一个C-Ext对象，设置其"背面长度"为2100mm，"侧面长度"为960mm，"前面长度"为2100mm，"背面宽度""侧面宽度""前面宽度"均为100mm，"高度"为100mm，如图2.21所示。

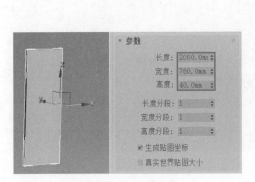

图2.20 创建长方体

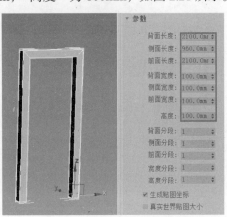

图2.21 创建门框

（2）材质贴图。

在"渲染"主菜单中，执行"材质编辑器"→"精简材质编辑器"命令，打开如图2.22所示的"材质编辑器-01-Default"对话框，在该对话框中选择一个样本球，选择一幅"门"贴图图片，将其指定给场景中的"门"对象；用同样的方法，为"门框"也指定一幅贴图。完成的材质贴图效果如图2.23所示。

图2.22 编辑材质

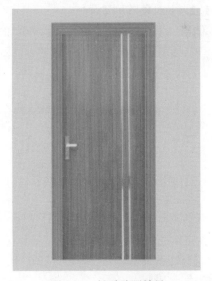

图2.23 材质贴图效果

（3）动画制作。

在前视图中选择"门"对象，在"层次"命令面板中单击"仅影响轴"按钮

仅影响轴，在视图中将坐标轴移至图 2.24 所示位置，即门旋转时的旋转中心，调整完成后再次单击"仅影响轴"按钮，关闭命令。

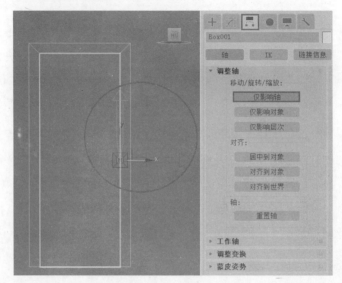

图 2.24　调整门的旋转中心

在动画控制区单击"自动"按钮，开始录制动画：将时间滑块拖动至第 100 帧，在透视图中选择"门"对象，用"选择并旋转"工具将其绕 Z 轴旋转 60°；再次单击"自动"按钮，结束动画录制。单击"播放动画"按钮，将会看到随着时间的推移，门在徐徐打开。

（4）渲染输出。

按照"2.2 参数动画"中的方法，对动画进行渲染输出，保存为 AVI 格式的文件。

【例 2.4】对象阵列动画

本例中，通过"阵列"命令实现更加丰富的动画效果，最终效果如图 2.25 所示。

图 2.25　对象阵列效果

（1）模型创建。

执行"创建"→"几何体"→"扩展基本体"→"异面体"命令，在透视图中拖拉出一个异面体，在面板下方的"参数"卷展栏中选择"星形 2"单选按钮，并将其"半径"设置为 100，如图 2.26 所示。

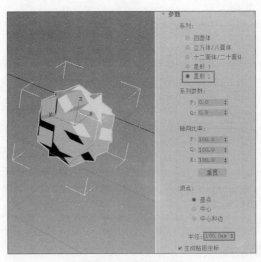

图 2.26　创建异面体

（2）动画制作。

在动画控制区单击"自动"按钮，开始录制动画：将时间滑块拖动至第 100 帧，在透视图中选择"异面体"对象，执行"工具"→"阵列"命令，在打开的"阵列"对话框中设置相应的参数，最后单击"确定"按钮关闭对话框，如图 2.27 所示；再次单击"自动"按钮，结束动画录制。单击"播放动画"按钮，将会看到随着时间的推移，在视图中将会显现一系列的异面体对象，图 2.28 是动画第 0 帧、第 50 帧和第 100 帧的画面。

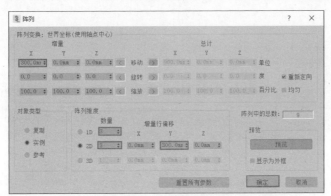

图 2.27　阵列参数设置

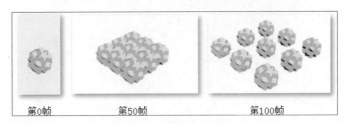

图 2.28　动画关键帧画面

（3）渲染输出。

按照"2.2 参数动画"中的方法，对动画进行渲染输出，保存为 AVI 格式的文件。

2.4 材质动画

材质主要用于表现物体的颜色、质地、纹理、透明度和光泽度等物理特性，通过材质的设置可以模拟出现实世界中物体的质感。材质的编辑是在"材质编辑器"对话框中实现的，控制材质有众多参数，这些参数的变化录制下来即为材质动画，材质动画可让动画制作者完成变幻莫测的动画效果。

3ds Max 中的材质动画主要有材质颜色动画、背景动画、漫反射颜色向贴图转变动画以及贴图向贴图转变动画等，以下重点介绍两种常用的材质动画。

2.4.1 材质颜色动画

材质颜色动画指的是将对象漫反射颜色在不同的关键帧进行改变形成的动画效果。

【例 2.5】异面体材质动画

异面体材质动画效果如图 2.29 所示。

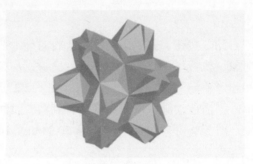

图 2.29 异面体材质动画效果

（1）模型创建。

执行"创建"→"几何体"→"扩展基本体"→"异面体"命令，在视图中用鼠标拖拉创建一个异面体，系列为"星形 1"，系列参数中的 P=0.8，Q=0.2，如图 2.30 所示。

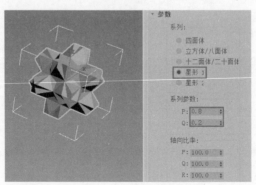

图 2.30 创建异面体

（2）动画制作。

①时间配置。

在界面下方动画控制区单击"时间配置"按钮，在打开的"时间配置"对话框中将动画的"结束时间"修改为 200，单击"确定"按钮关闭对话框。

② 动画录制。

单击界面下方动画控制区的"自动"按钮，开始录制动画，将第 0 帧、第 50 帧、第 100 帧、第 150 帧、第 200 帧设置为关键帧，在这些关键帧分别修改异面体的材质参数，具体数值如表 2.3 所示。录制完成后再次单击"自动"按钮，结束动画录制。单击"播放动画"按钮，可发现对象的颜色和光泽在不断发生变化，图 2.31 是 5 个关键帧处的材质效果。

表 2.3　关键帧材质参数

帧　　　序	漫反射颜色	高光级别，光泽度	自发光强度
第 0 帧	（255,0,0）	35,10	60
第 50 帧	（0,255,0）	90,35	30
第 100 帧	（0,0,255）	80,10	10
第 150 帧	（255,255,0）	60,10	15
第 200 帧	（255,0,255）	30,20	60

第0帧　　　　第50帧　　　　第100帧　　　　第150帧　　　　第200帧

图 2.31　材质动画效果

（3）渲染输出。

按照"2.2 参数动画"中的方法，对动画进行渲染输出，保存为 AVI 格式的文件。

2.4.2　"混合"材质动画

"混合"材质可以将两种不同的材质融合在一起，或者使用一张位图或程序贴图作为遮罩，根据不同的混合量，来控制两种材质的混合效果。

【例 2.6】变换照片动画

本例中，通过将照片的材质设置为混合材质，以实现从一个鸡蛋变换为一只小鸡的动画效果，如图 2.32 所示。为使读者熟悉整个过程，本例从模型创建、材质贴图、灯光和摄影机到动画设置，整个过程均进行了详细的讲解和演示。

图 2.32　变换照片动画

（1）模型创建。

① 相框模型。

执行"创建"→"图形"→"矩形"命令，在前视图中绘制一个矩形，设置其"长度"为250，"宽度"为180，如图2.33所示。

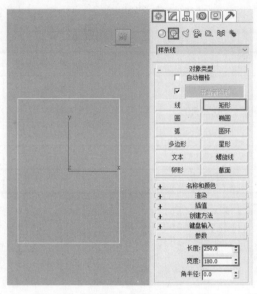

图2.33　创建矩形

再次执行"矩形"命令，创建一个带圆角的矩形，设置其"长度"为10，"宽度"为18，"角半径"为1，如图2.34所示。

选择图2.33中的矩形，执行"创建"→"几何体"→"复合对象"→"放样"命令，单击"获取图形"按钮，在前视图中选择图2.34中的圆角矩形，即放样创建了一个相框，如图2.35所示。

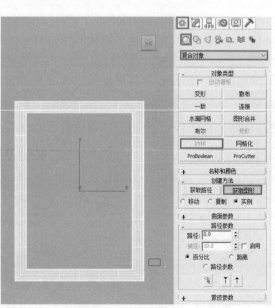

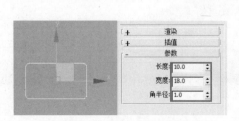

图2.34　创建圆角矩形　　　　　　　图2.35　放样出相框

② 照片模型。

在前视图中执行"平面"命令，创建一个平面，设置其"长度"为240，"宽度"为170，如图2.36所示。

选择"平面"，单击标准工具栏的"对齐"按钮，再选择相框模型，即弹出如图2.37所示的"对齐当前选择"对话框，将当前对象与目标对象在X、Y、Z三个方向均设置为"中心"对齐，单击"确定"按钮。

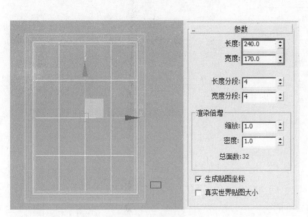

图2.36　创建平面

图2.37　对齐操作

③ 支架模型。

执行"创建"→"图形"→"线"命令，在前视图中绘制如图2.38所示的封闭线，它与相框模型的相对位置如图2.39所示。

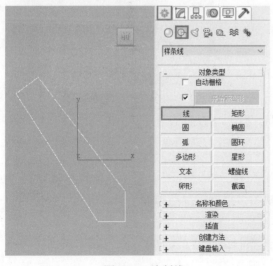

图2.38　绘制线

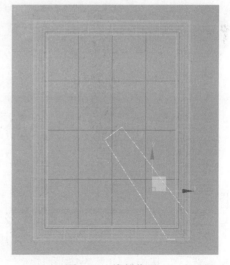

图2.39　线的位置

选择刚绘制的线，切换到"修改"命令面板，在"修改器列表"中选择"挤出"选项，设置"数量"为5，将封闭线挤出为一个实体，如图2.40所示。

选择支架模型，在左视图中进行旋转，并对相框模型也进行旋转，然后适当移动支架模型，调整后的效果如图 2.41 所示。

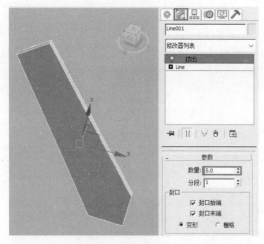

图 2.40　挤出线

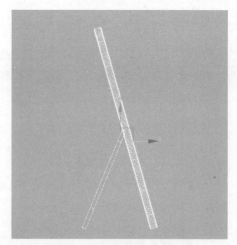

图 2.41　调整支架位置

④ 桌子模型。

执行"长方体"命令，创建一个桌面和一条桌腿，桌面的长、宽、高尺寸分别为 800、1200、20，桌腿的长、宽、高尺寸分别为 30、60、750，将桌面与桌腿进行对齐操作后，复制另外三条桌腿，将桌面与桌腿模型成组，最终效果如图 2.42 所示。将相框模型与桌子对齐，调整后的效果如图 2.43 所示。

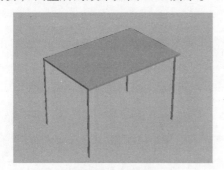

图 2.42　桌子模型

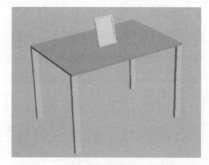

图 2.43　场景模型

（2）灯光与摄影机。

① 创建摄影机。

执行"创建"→"摄影机"→"目标"命令，在左视图中创建一台目标摄影机，如图 2.44 所示，然后将透视图切换为摄影机视图，根据情况适当调整摄影机参数和位置。

② 创建灯光。

执行"创建"→"灯光"→"标准"→"目标聚光灯"命令，在左视图中创建一盏目标聚光灯，其位置如图 2.45 所示。

在聚光灯的参数面板中，勾选"阴影"选项组中的"启用"复选框，并适当修改"聚光区 / 光束"和"衰减区 / 区域"参数，如图 2.46 所示，渲染效果如图 2.47 所示。为便于观察效果，先给照片赋了一张贴图。

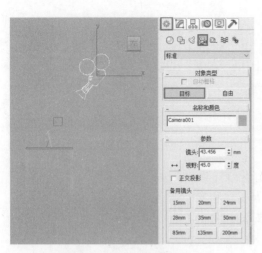

图 2.44 创建目标摄影机

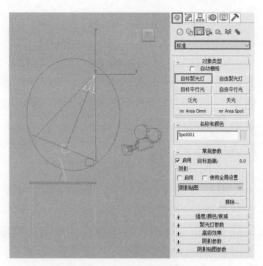

图 2.45 创建目标聚光灯

图 2.46 调整聚光灯参数

图 2.47 聚光灯效果

由于环境光太暗，因此在左视图中再创建一盏泛光灯，将其"倍增"参数设置为 0.3，如图 2.48 所示。适当调整灯光位置，渲染后的效果如图 2.49 所示。

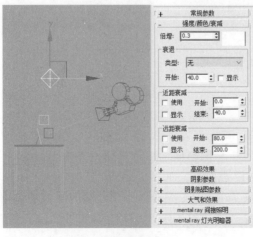

图 2.48 创建泛光灯

图 2.49 灯光效果

（3）材质与贴图。

① 桌子材质。

打开材质编辑器，选择一个空白样本球，在"材质名称"文本框中输入"桌子"，为桌子模型指定一幅木纹贴图，并适当调整"高光级别"和"光泽度"参数，在场景中选择桌子对象，将材质指定给选定对象，如图 2.50 所示。

② 相框材质。

用同样的方法，在材质编辑器中选择一个空白样本球，在"材质名称"文本框中输入"相框"，为相框和支架模型指定一幅木纹贴图，在场景中选择模型对象，将材质指定给选定对象。

③ 照片材质。

选择照片对象，打开材质编辑器，选择一个新的样本球，将其命名为"变换材质"，单击名称后的 Standard 按钮，如图 2.51 所示；在打开的"材质/贴图浏览器"对话框中选择"混合"类型的材质，单击"确定"按钮，如图 2.52 所示。

图 2.50　桌子材质

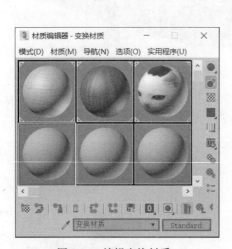

图 2.51　编辑变换材质

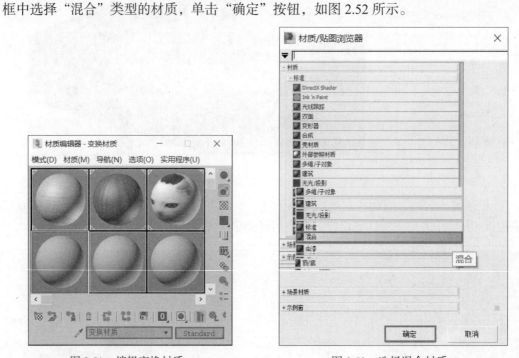

图 2.52　选择混合材质

在随后打开的"替换材质"对话框中选择"丢弃旧材质"单选按钮，并单击"确定"按钮，如图 2.53 所示；即进入混合基本材质的设置面板，如图 2.54 所示，在该面板中，可看到原来材质名称后面的 Standard 按钮已切换为 Blend（混合）按钮，同时下方显示出"混合基本参数"卷展栏，在该卷展栏中，通过设置"材质 1""材质 2"以及"混合量"参数，即可达到混合材质的效果。

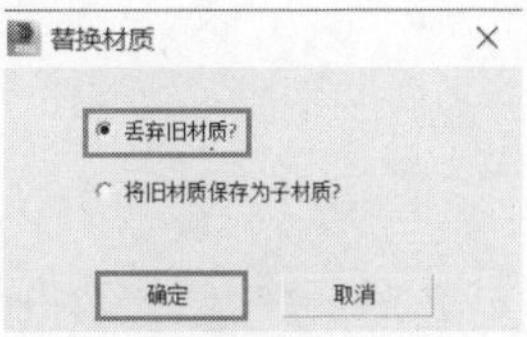

图 2.54 混合基本材质的设置面板

图 2.53 "替换材质"对话框

在该面板中单击"材质 1"后的长条按钮,进入如图 2.55 所示的材质编辑器标准面板,在"Blinn 基本参数"卷展栏中单击"漫反射"后的小方块,则打开如图 2.56 所示的"材质/贴图浏览器"对话框,在其中选择"位图"后单击"确定"按钮;然后弹出"选择位图图像文件"对话框,从相应文件夹中选择一幅鸡蛋图片作为漫反射贴图,单击"确定"按钮,贴图效果如图 2.57 所示;用同样的方法,为"材质 2"贴图,贴图效果如图 2.58 所示。

图 2.55 漫反射贴图

图 2.56 材质 / 贴图浏览器

图 2.57 材质 1 效果

图 2.58 材质 2 效果

（4）动画制作。

打开界面下方动画控制区的"自动"按钮，开始录制动画。在第 0 帧时，设置图 2.54 中的"混合量"数值为 0；第 100 帧时，设置"混合量"数值为 100。录制完成后再次单击"自动"按钮结束动画录制。

（5）渲染输出。

按照"2.2 参数动画"中的方法，对动画进行渲染输出，保存为 AVI 格式的文件。图 2.57 为第 0 帧的动画效果，图 2.58 为第 100 帧的动画效果，图 2.32 是第 50 帧的动画效果，可看出，两幅图片处于各 50% 的混合状态。

2.5　灯光动画

在 3ds Max 中，灯光用以模拟实际生活中的自然光和人工光，灯光对象让画面的视觉效果更加逼真，强化了整个场景的体积感和空间感。

3ds Max 提供了两种类型的灯光：标准灯光和光度学灯光，而每一类中又包含了若干种不同的灯光对象。无论哪种灯光对象，均包含众多的物理参数，将某一参数或某些参数的调整过程记录下来，即可生成灯光动画。下面将结合实例介绍标准灯光类型中目标聚光灯的动画制作，其他灯光的动画制作大同小异。

【例 2.7】灯光动画

本例延续例 2.6 中的模型和场景，最终的动画效果为目标聚光灯的强弱变化，先由弱到强，接着由强到弱，图 2.59 是光线最强时的动画效果。

图 2.59　灯光动画

（1）删除原动画。

打开例 2.6 中的源文件，选择照片组，删除所有关键帧。

（2）修改灯光参数。

选择目标聚光灯对象 Spot001，在"修改"命令面板中将灯光的"倍增"修改为 0，单击其后的色块，将打开的颜色修改为淡黄色（红、绿、蓝数值分别为 250、220、180），如图 2.60 和图 2.61 所示。

（3）录制灯光动画。

在界面下方动画控制区单击"自动"按钮，将时间滑块拖动至第 50 帧，修改灯光的

"倍增"为1；将时间滑块拖动至第100帧，修改灯光的"倍增"为0，动画录制完成。单击"播放动画"按钮，就会发现灯光的明暗变化。图2.62分别是第0帧、第25帧和第50帧的灯光效果。

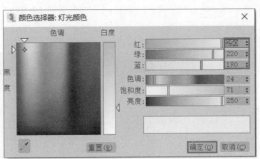

图2.60　调节灯光倍增　　　　　　　　图2.61　修改灯光颜色

第0帧　　　　　　　　　第25帧　　　　　　　　　第50帧

图2.62　灯光的变换动画

（4）渲染输出。

按照"2.2参数动画"中的方法，对动画进行渲染输出，保存为AVI格式的文件。

2.6　摄影机动画

在3ds Max中，摄影机对象用于模拟现实世界中的静止图像、运动图片和视频摄像等，它是三维场景中必不可少的组成部分，最后制作完成的场景和动画都要它来表现，它的功能比现实中的摄影机更加强大、更加便利。

3ds Max 2020中包含两种类型的摄影机：一种是物理摄影机；另一种是传统摄影机，它又包括目标摄影机和自由摄影机。物理摄影机的使用相对复杂，需要一定的专业知识。对于一般的渲染项目而言，使用传统的目标摄影机和自由摄影机即可满足要求。

目标摄影机是3ds Max软件默认的摄影机类型，配合目标对象使用，用以表现以目标对象为中心的场景内容，易于定位，方便操作。目标摄影机本身及其目标对象均可以设置动画，还可以将它们分别设置为不同的动画，在摄影机本身独立运动时，还可以通过目标对象的移动来控制拍摄场景。

自由摄影机没有目标对象，只有摄影机本身，表现镜头所指方向内的场景内容，多应用于轨迹动画，视图画面随着路径的变化而变化，例如室内巡游、室外鸟瞰、车辆跟踪等动画。当需要摄影机沿着路径表现动画时，使用自由摄影机更加方便。

下面以目标摄影机为例，介绍摄影机动画的制作。

【例 2.8】摄影机动画

本例中，先创建一个圆柱体，环形阵列后进行锥化和弯曲变形；给环境背景赋一幅花朵图片；创建一台目标摄影机，通过旋转摄影机达到眼花缭乱的万花筒般的效果，如图 2.63 所示。

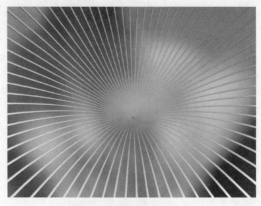

图 2.63　摄影机动画

（1）模型创建。

① 创建圆柱体。

执行"创建"→"几何体"→"标准基本体"→"圆柱体"命令，在视图中创建一个圆柱体，设置其"半径"为 1，"高度"为 400，"高度分段"为 35，其他参数为系统默认值，如图 2.64 所示。

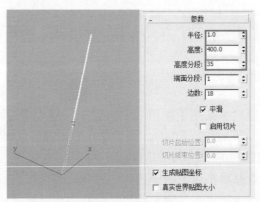

图 2.64　创建圆柱体

② 阵列圆柱体。

在"层次"命令面板中单击"仅影响轴"按钮，将圆柱体的坐标轴在 XOY 平面内适当移动，如图 2.65 所示，然后以此作为阵列的旋转中心。

选择圆柱体，执行"工具"→"阵列"命令，如图 2.66 所示，在打开的"阵列"对话框中设置阵列的"数量"为 72，"旋转"角度为 5°，单击"确定"按钮后完成阵列，阵列参数及结果如图 2.67 所示。选择阵列出的全部圆柱体，执行"组"命令，将其组合为一个组。

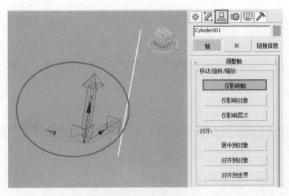

图 2.65 调整轴心点   图 2.66 执行"阵列"命令

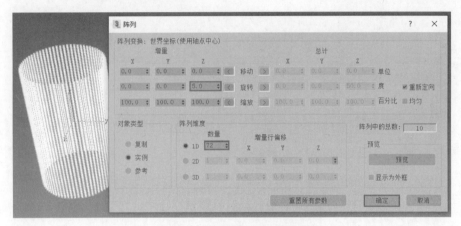

图 2.67 阵列参数和阵列结果

③ 对圆柱体组进行变形。

选择圆柱体组，在"修改"命令面板的"修改器列表"中单击"锥化"命令，在下方的"参数"卷展栏中设置"数量"值为 6，锥化效果如图 2.68 所示。

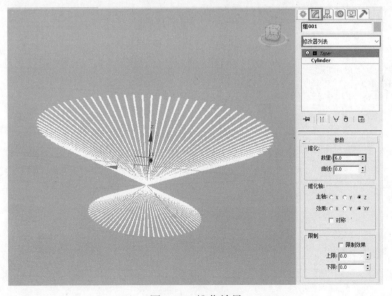

图 2.68 锥化效果

在"修改器列表"中，展开 Taper，单击 Gizmo，在视图中将模型的 Gizmo 向下移动，直至模型变成如图 2.69 所示的锥状。

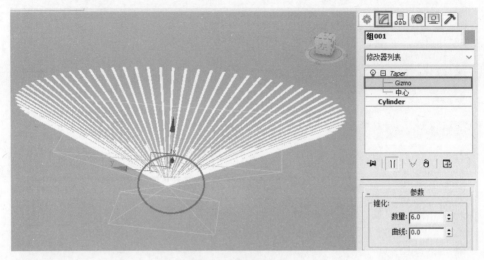

图 2.69　移动 Gizmo

选择圆柱体组，在"修改器列表"中执行"弯曲"命令，设置弯曲"角度"为 45，模型发生了弯曲变形，参数及效果如图 2.70 所示。

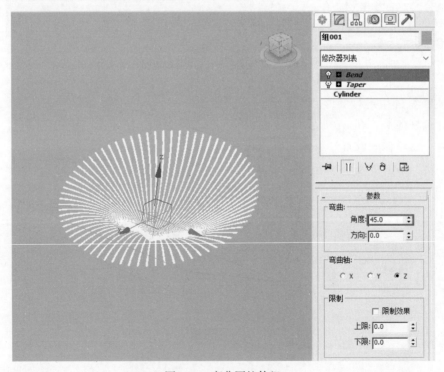

图 2.70　弯曲圆柱体组

（2）创建摄影机。

执行"创建"→"摄影机"→"目标"命令，在前视图中创建一台目标摄影机，调整其位置，如图 2.71 所示。

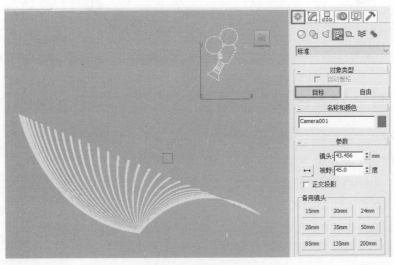

图 2.71　创建目标摄影机

（3）背景贴图。

执行"渲染"→"环境"命令，如图 2.72 所示，打开如图 2.73 所示的"环境和效果"对话框，在该对话框中勾选"使用贴图"复选框，单击"无"按钮，将会打开如图 2.74 所示的"材质/贴图浏览器"对话框，在浏览器中双击"位图"，打开"选择位图图像文件"对话框，选择一幅合适的图片作为渲染背景，如图 2.75 所示。

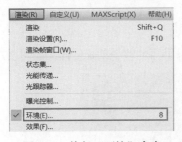

图 2.72　执行"环境"命令

图 2.73　环境贴图

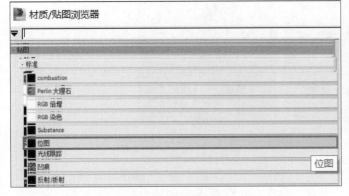

图 2.74　位图命令

图 2.75　设置背景贴图

（4）动画录制。

单击动画控制区的"自动"按钮，开始录制摄影机动画，将第 0 帧和第 100 帧设置为关键帧，第 0 帧时，摄影机为当前位置；第 100 帧时，将目标摄影机旋转一定角度，录制结束。

（5）渲染输出。

按照"2.2 参数动画"中的方法，对动画进行渲染输出，保存为 AVI 格式的文件。

2.7 复合对象动画

复合对象建模是一种特殊的建模方式，它可以将两个或两个以上的物体通过特定的方式合并为一个物体，以创建出更加复杂的模型。对于合并的过程，不仅可以反复调节，还可以记录为动画，实现特殊的动画效果。

图 2.76　复合对象创建面板

在命令面板中执行"创建"→"几何体"→"复合对象"命令之后，命令面板上出现了可以创建的复合对象类型，如图 2.76 所示，共有 12 种，以下将以最为常用的放样和布尔为例，介绍复合对象的动画制作。

2.7.1 放样动画

放样是通过二维图形创建三维模型的一种方法，该命令使用两个或多个样条线对象创建放样对象，其中的一条样条线作为路径使用，其余样条线作为放样对象的截面或图形。

放样过程中，不仅路径和截面的变化可以记录为动画，而且放样对象的变形可以实现更加丰富多彩的动画效果。

【例 2.9】字母书写动画

本例中，通过控制放样对象的缩放变形，实现字母书写的整个动画过程，如图 2.77 所示。

图 2.77　字母书写动画

（1）模型创建。

执行"创建"→"图形"→"文本"命令，在前视图中创建一个二维文本，设置其"字体"为"黑体"，"大小"为 100，如图 2.78 所示。

执行"创建"→"图形"→"圆"命令，在前视图中创建一个圆，设置其"半径"为 2，效果如图 2.79 所示。

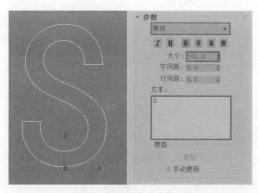

图 2.78 创建二维文本

图 2.79 创建好的文本和圆

选择文本，执行"创建"→"几何体"→"复合对象"→"放样"命令，单击"获取图形"按钮，在视图中单击"圆"，即可放样生成一个三维文本，如图 2.80 所示。

（2）动画制作。

选择放样出的三维文本，打开"修改"命令面板，在"变形"卷展栏中单击"缩放"按钮，如图 2.81 所示，即可打开如图 2.82 所示的"缩放变形"对话框。

图 2.80 放样生成三维文本

在"缩放变形"对话框中，单击工具栏上的"插入角点"按钮 ，在红色水平线上单击插入 2 个角点，加上起点和终点的 2 个角点，目前总共有 4 个角点。按照从左到右的顺序，将 4 个角点依次命名为 1～4 号，接下来将分别调整这 4 个角点在不同关键帧的位置。

图 2.81 执行"缩放"命令

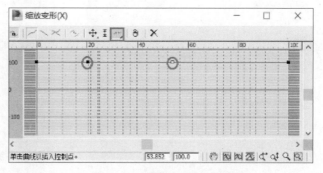

图 2.82 "缩放变形"对话框

在动画控制区单击"自动"按钮，开始录制动画。将动画时间滑块拖动至第 0 帧，在"缩放变形"对话框中分别设置 4 个角点的相关参数，设置方法为：在"缩放变形"对话框中选择一个角点，在对话框下方的两个文本框中分别输入相应数值，其中第一个文本框中的数值代表着该角点所处的帧，第二个文本框中的数值代表该角点处放样截面的缩放比例值。如图 2.83 中，选中的是第 1 个角点，其当前所处的是第 0 帧，放样截面缩放比例值为 100%，设置好 4 个角点的第 0 帧数值后，将时间滑块拖动至第 100 帧，用同样的方法设置 4 个角点的相关参数，之后单击"自动"按钮结束动画录制。

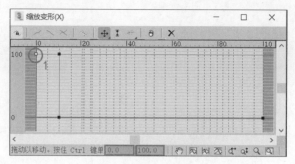

图 2.83　设置角点参数

4 个角点的相关参数如表 2.4 所示。

表 2.4　4 个角点的相关参数

帧	角点 1	角点 2	角点 3	角点 4
0	（0,100）	（0,100）	（0,0）	（100,0）
100	（0,100）	（100,100）	（100,0）	（100,0）

图 2.84 是第 0 帧时"缩放变形"对话框中的角点形态、参数以及场景中的字母书写状态；图 2.85 是第 100 帧时"缩放变形"对话框中的角点形态、参数以及场景中的字母书写状态。单击"播放动画"按钮，可观看到字母书写的动画效果。

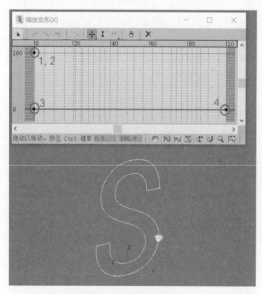

图 2.84　第 0 帧时的角点形态、参数以及
场景中的字母书写状态

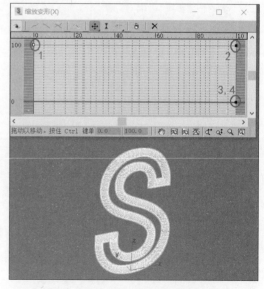

图 2.85　第 100 帧时的角点形态、参数
以及场景中的字母书写状态

（3）渲染输出。

按照"2.2 参数动画"中的方法，对动画进行渲染输出，保存为 AVI 格式的文件。

2.7.2 布尔动画

"布尔"命令能够对两个或两个以上的对象进行交集、并集和差集的运算，从而对基本几何体进行组合，创建出新的对象模型。通过"布尔"命令还可以"创建"出一些特殊的选区，为后续动画的制作提供便利。下面通过实例讲解布尔动画的制作。

【例 2.10】烟灰缸动画

本例通过一个烟灰缸模型的成型动画，演示布尔运算建模的过程，图 2.86 是最终完成效果。

图 2.86　烟灰缸动画

（1）模型创建。

执行"创建"→"几何体"→"标准基本体"→"圆柱体"命令，在透视图中创建一个圆柱体，系统自动命名为 Cylinder001，设置其"半径"为 90，"高度"为 40，"边数"为 50，如图 2.87 所示。

选择 Cylinder001，原位"克隆"一个，将复制出的圆柱体 Cylinder002 向上移动一定距离，并修改其"半径"为 80，如图 2.88 所示。

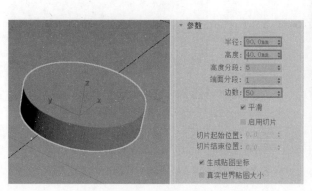

图 2.87　创建圆柱体

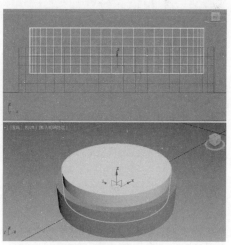

图 2.88　复制一个圆柱体

选择圆柱体 Cylinder001，执行"创建"→"几何体"→"复合对象"→"布尔"命令，打开"布尔运算"命令面板，首先在"运算对象参数"卷展栏下单击"差集"按钮，接着在"布尔参数"卷展栏下单击"添加运算对象"按钮，然后在场景中选择Cylinder002，此时Cylinder002已出现在"运算对象"文本框中，如图2.89所示。布尔运算结果如图2.90所示。

图2.89　布尔运算操作

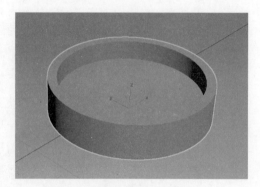

图2.90　第1次布尔运算结果

执行"圆柱体"命令，在前视图中创建一个小圆柱体，修改其名称为"灭烟槽001"，设置其"半径"为10，"高度"为50，调整其与烟灰缸的相对位置，如图2.91所示。

选择"灭烟槽001"，在"层次"命令面板下单击"仅影响轴"按钮，在顶视图中将坐标轴大致移至烟灰缸的中心位置，如图2.92所示，再次单击"仅影响轴"按钮，结束命令。

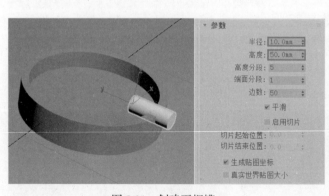

图2.91　创建灭烟槽

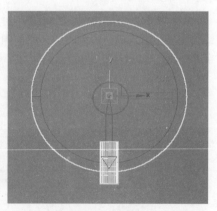

图2.92　调整轴心点

在透视图中选择"灭烟槽001"，执行"工具"→"阵列"命令，打开"阵列"对话框，在对话框中设置"1D"数量为3，设置Z轴旋转为120，如图2.93所示，单击"确定"按钮，阵列效果如图2.94所示。

选择烟灰缸主体，执行"布尔"命令，在"运算对象参数"卷展栏下单击"差集"按钮，接着在"布尔参数"卷展栏下单击"添加运算对象"按钮，然后在场景中依次选择"灭烟槽001""灭烟槽002""灭烟槽003"，完成布尔运算，效果如图2.95所示。

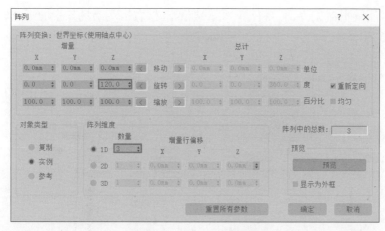

图 2.93　"阵列"对话框

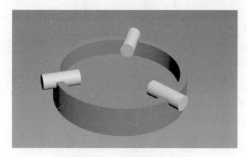

图 2.94　灭烟槽阵列结果

图 2.95　第 2 次布尔运算结果

（2）材质贴图。

选择烟灰缸模型，打开材质编辑器，选择一个空白样本球，命名为"烟灰缸材质"，在"Blinn 基本参数"卷展栏中，修改"漫反射"颜色为淡蓝色（红 160，绿 170，蓝 200），"高光级别"设置为 60，"光泽度"为 50，如图 2.96 所示。

展开材质编辑器下方的"贴图"卷展栏，勾选"不透明度"贴图通道，"数量"设置为 80；勾选"折射"贴图通道，"数量"设置为 10，如图 2.97 所示。

单击"不透明度"后的长条按钮，在打开的"材质 / 贴图浏览器"对话框中选择"衰减"类型的贴图，在打开的"衰减参数"卷展栏中，设置"衰减类型"为 Fresnel，然后单击"转到父对象"按钮，如图 2.98 所示。

单击如图 2.97 中"折射"后的长条按钮，在打开的"材质 / 贴图浏览器"对话框中选择"光线跟踪"类型的贴图，在打开的"光线跟踪器参数"卷展栏中采用系统默认参数，然后单击"转到父对象"

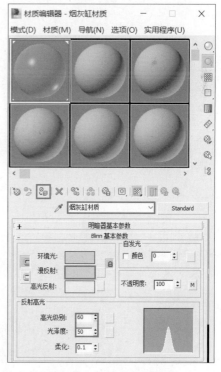

图 2.96　编辑烟灰缸材质

按钮，回到材质编辑器主界面。将编辑好的烟灰缸材质指定给场景中的烟灰缸对象，渲染效果如图 2.86 所示。

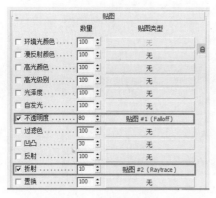

图 2.97　烟灰缸贴图　　　　　　　　　　　图 2.98　设置衰减贴图参数

（3）动画制作。

单击界面上方工具栏中的"按名称选择"按钮，打开"从场景选择"对话框，将场景中所有模型的名称均显示出来，如图 2.99 所示。

在对话框中选择 Cylinder002，在动画控制区单击"自动"按钮，开始录制动画。将时间滑块拖至第 25 帧，鼠标放置在 Cylinder002 上，右击，在弹出的快捷菜单中执行"对象属性"命令，弹出"对象属性"对话框，在对话框中将"可见性"数值设置为 0，单击"确定"按钮，如图 2.100 所示。

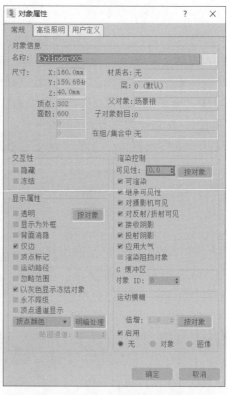

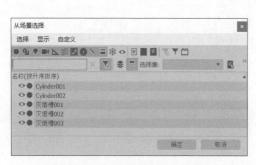

图 2.99　"从场景选择"对话框　　　　　　　图 2.100　"对象属性"对话框

播放动画，会发现随着时间的变化，Cylinder002 已从可见变为不可见。用同样的方法，在第 50 帧将"灭烟槽 001"的"可见性"数值设置为 0；在第 75 帧将"灭烟槽 002"的"可见性"数值设置为 0；在第 100 帧将"灭烟槽 003"的"可见性"数值设置为 0。

由于 3ds Max 软件默认的动画起始帧均为第 0 帧，因此，需对各对象的起始帧进行调整。选择"灭烟槽 001"，将其起始帧从第 0 帧拖动至第 25 帧，即"灭烟槽 001"的动画范围是 25 ~ 50 帧；用同样的方法，将"灭烟槽 002"的动画范围调整为 50 ~ 75 帧，将"灭烟槽 003"的动画范围调整为 75 ~ 100 帧。

单击"播放动画"按钮，会发现烟灰缸生成的布尔运算过程，其关键帧图片如图 2.101 所示。

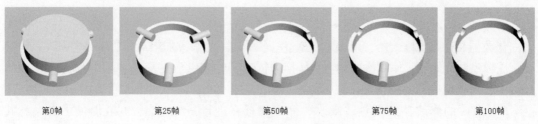

| 第0帧 | 第25帧 | 第50帧 | 第75帧 | 第100帧 |

图 2.101　烟灰缸布尔运算过程

（4）渲染输出。

按照"2.2 参数动画"中的方法，对动画进行渲染输出，保存为 AVI 格式的文件。

第 3 章

修改器动画

修改器又称编辑修改器，用于对模型进行各种形式的修改加工，其功能非常强大。通常在完成模型的创建后，使用修改器将其转换为较为复杂的对象，并且能够进入模型的次物体层级中，对模型内部的结构进行编辑操作，因此它是 3ds Max 软件非常重要的一项内容。

3ds Max 的修改功能通过"修改"命令面板来进行，3ds Max 2020 提供了三大类共120 个修改器，具体包括选择修改器共 4 个、世界空间修改器共 11 个和对象空间修改器共 105 个。

由于修改器数量众多，每一个修改器的参数也很多，因此通过对修改器参数的设置，可以创作出精彩纷呈的动画效果。本章将针对最为常用的几个修改器，介绍其动画制作。

3.1 "波浪"修改器动画

"波浪"修改器能在模型对象上产生波浪效果。使用时，首先选中模型对象，给模型对象施加该修改器，然后在"参数"面板中修改相关参数，将参数的变换记录下来，即可生成动画效果。

【例 3.1】波浪文字

波浪文字效果如图 3.1 所示。本例中，首先创建一个三维文字对象，对其施加"波浪"修改器后，制作成波浪文字动画。

图 3.1   波浪文字

（1）模型创建。

执行"创建"→"图形"→"文本"命令，在前视图中创建一个文本对象，文本内容为"三维动画世界",字体设置为"幼圆","大小"设为100mm,如图3.2所示。

选择文本对象,切换到"修改"命令面板,在"修改器列表"中选择"挤出"修改器,将其"数量"参数设置为10,形成如图3.3所示的三维文字效果。

图3.2 创建文本对象 图3.3 三维文字效果

(2)材质贴图。

选择文本对象,打开材质编辑器,选择一个空白样本球,命名为"文本材质";在"明暗器基本参数"卷展栏下的下拉列表中选择"金属",即将文本设置为金属着色类型;然后在下方的"金属基本参数"卷展栏中设置"环境光"和"漫反射"颜色均为金黄色,其红、绿、蓝数值分别为216、156、12;设置"自发光"的"颜色"数值为60;设置"高光级别"为10,"光泽度"为0,如图3.4所示。将编辑好的文本材质指定给场景中的文本对象,同时将环境背景修改为一幅图片,渲染效果如图3.5所示。

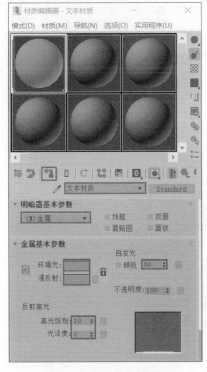

图3.4 设置文本材质 图3.5 材质渲染效果

（3）动画制作。

选择文本对象，在"修改器列表"中为其添加"波浪"（Wave）修改器，设置其"振幅1"为5mm，"振幅2"为5mm，"波长"为100mm，如图3.6所示。

图3.6　施加"波浪"修改器

在动画控制区单击"自动"按钮，将时间滑块拖至第100帧，修改"相位"值为2，再次单击"自动"按钮结束动画录制。单击"播放动画"按钮，即观察到波浪文字效果。图3.7是不同关键帧时的文字效果。

（4）渲染输出。

按照"2.2参数动画"中的方法，对动画进行渲染输出，保存为AVI格式的文件。

第0帧　　　　　　第25帧　　　　　　第50帧

图3.7　波浪文字效果

3.2　"涟漪"修改器动画

"涟漪"修改器可以在对象几何体上产生同心波纹效果。使用时，首先选中模型对象，对其施加"涟漪"修改器，然后在"参数"面板中修改相关参数，将参数的变换记录下来，即可生成动画效果。

【例3.2】涟漪效果动画

涟漪效果动画如图3.8所示，本例中，创建水面模型，借助涟漪修改器，来模拟大海海面的涟漪效果。

图3.8　涟漪效果动画

（1）模型创建。

执行"创建"→"几何体"→"平面"命令，在透视图中创建一个平面，将其命名为"海面"，设置其"长度"为10000mm，"宽度"为15000mm，"长度分段"为10，"宽度分段"为10，如图3.9所示。用同样的方法，在前视图中创建一个同样参数的平面，将其命名为"天空"。

（2）材质贴图。

执行"渲染"→"精简材质编辑器"命令，打开"材质编辑器"对话框，选择一个样本球，将其命名为"天空材质"，在"漫反射"通道为其贴一幅天空图片，在视图中选择天空模型，单击"将材质指定给选定对象"按钮 🔲，将编辑好的天空材质指定给"天空"模型。

选择一个新的样本球，将其命名为"海面材质"，在"明暗器基本参数"卷展栏的下拉列表中将模式设置为Phong；在"Phong基本参数"卷展栏中，将"漫反射"颜色设置为海蓝色（红、绿、蓝数值分别为8、35、123），如图3.10所示。

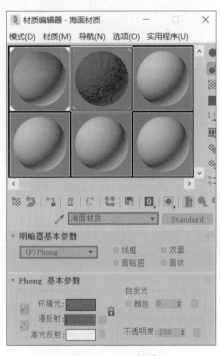

图3.9　创建平面　　　　　　　　　　　　图3.10　海面材质

接着展开"贴图"卷展栏，勾选"凹凸"复选框，设置其"数量"为40，如图3.11所示，然后单击其后的长条按钮，在打开的"材质/贴图浏览器"对话框中选择"噪波"，单击"确定"按钮，如图3.12所示。

在"噪波参数"面板中，设置"噪波类型"为"湍流"，修改其"大小"为20，如图3.13所示。

然后单击"转到父对象"按钮 🔲，在"贴图"卷展栏中勾选"反射"复选框，设置其"数量"为30，如图3.11所示；单击其后的长条按钮，在打开的"材质/贴图浏览器"对话框中选择"平面镜"，单击"确定"按钮，如图3.14所示。

图3.11　海面贴图

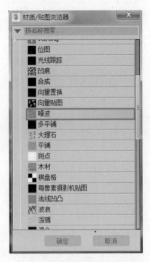

图3.12　选择"噪波"类型贴图

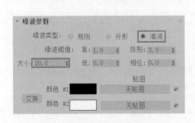

图3.13　噪波参数

图3.14　选择"平面镜"类型贴图

在"平面镜参数"面板中，设置"模糊"数值为3，设置"扭曲"类型为"使用凹凸贴图"，如图3.15所示。

在视图中选择海面模型，单击"将材质指定给选定对象"按钮 ，将以上编辑好的海面材质指定给模型。渲染效果如图3.8所示。

（3）动画制作。

选择"海面"对象，在"修改器列表"中选择"涟漪"修改器，在打开的"参数"面板中设置"振幅1"为200mm，"振幅2"为200mm，"波长"为1000mm，"相位"为10，"衰退"为0.003，如图3.16所示。

图3.15　平面镜参数

图3.16　"涟漪"修改器参数

在动画控制区单击"自动"按钮，将时间滑块拖动至第 100 帧，修改"相位"值为 0，再次单击"自动"按钮结束动画录制。单击"播放动画"按钮，会发现海面的涟漪效果，如图 3.8 所示。

（4）渲染输出。

按照"2.2 参数动画"中的方法，对动画进行渲染输出，保存为 AVI 格式的文件。

3.3 "噪波"修改器动画

"噪波"修改器是一种用于模拟对象形状随机变化的重要动画工具，它主要通过沿着 X、Y、Z 三个轴的任意组合来调整对象顶点的位置，使其达到预期的动画效果。

【例 3.3】噪波动画

噪波动画效果如图 3.17 所示，本例使用"噪波"修改器，制作海面动画效果。本例模型和材质与例 3.2 基本相同，唯一的变化是将平面的"长度分段"和"宽度分段"参数均修改为 20。

图 3.17 噪波动画效果

（1）动画制作。

选择"海面"对象，在"修改器列表"中选择"噪波"修改器，在动画控制区单击"自动"按钮，将时间滑块拖动至第 0 帧，在噪波参数面板中设置"种子"为 20，强度 X 为 100mm，Y 为 100mm，Z 为 400mm，如图 3.18 所示。

将时间滑块拖动至第 100 帧，在噪波参数面板中设置"种子"为 35，强度 X 为 200mm，Y 为 200mm，Z 为 500mm，如图 3.19 所示。再次单击"自动"按钮结束动画录制。单击"播放动画"按钮，会发现海面的噪波效果。

图 3.18 第 0 帧的噪波值

图 3.19 第 100 帧的噪波值

（2）渲染输出。

按照"2.2 参数动画"中的方法，对动画进行渲染输出，保存为 AVI 格式的文件。

3.4 "弯曲"修改器动画

"弯曲"修改器是一个非常实用的修改器，常用来制作一些卡通角色的弯腰动画、书的翻页动画、卷轴的展开动画等。本节通过一个实例来介绍"弯曲"修改器的动画制作。

【例 3.4】卷轴画

卷轴画效果如图 3.20 所示，本例中，创建一个平面并贴图，完成卷轴画模型的创建；之后利用"弯曲"修改器完成卷轴过程的动画效果。

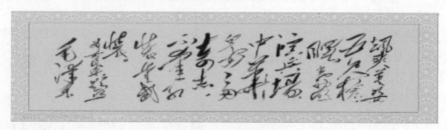

图 3.20 卷轴画效果

（1）模型创建。

执行"创建"→"几何体"→"平面"命令，在顶视图中创建出一个平面，设置其"长度"为 340mm，"宽度"为 1360mm，"宽度分段"为 50，如图 3.21 所示。

（2）材质贴图。

选择平面对象，打开材质编辑器，选择一个样本球，命名为"书法作品"，在"漫反射"贴图通道为平面指定一幅书法作品，单击"在视口中显示明暗处理材质"按钮，如图 3.22 所示，贴图效果如图 3.20 所示。

图 3.21 创建平面

图 3.22 卷轴画贴图

（3）动画制作。

选择"平面"对象，在"修改器列表"中选择"弯曲"修改器，设置弯曲"角度"

为 –3600，"弯曲轴"为 X，勾选"限制效果"复选框，设置"上限"为 2000mm，如图 3.23 所示。此时弯曲效果如图 3.24 所示。

图 3.23 "弯曲"修改器参数

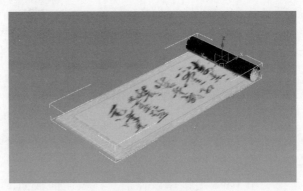

图 3.24 弯曲效果

在"修改"命令面板中展开 Bend，单击进入 Gizmo 层级，在透视图中沿着 X 轴的负方向移动坐标轴，完成后的效果如图 3.25 所示。

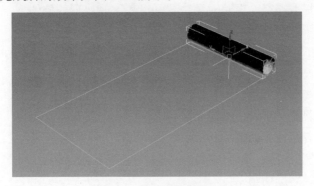

图 3.25 卷轴画收起状态

在动画控制区单击"自动"按钮，开始录制动画，将时间滑块拖动至第 100 帧，沿着 X 轴正向移动坐标轴至卷轴画完全展开，如图 3.26 所示。

单击"播放动画"按钮，会发现卷轴画徐徐展开的整个过程。

图 3.26 卷轴画展开状态

（4）渲染输出。

按照"2.2 参数动画"中的方法，对动画进行渲染输出，保存为 AVI 格式的文件。

3.5 "路径变形（WSM）"修改器动画

"路径变形（WSM）"修改器将样条线或NURBS曲线作为路径来设置对象的运动轨迹。通过该修改器，可以沿着指定路径对动画对象进行移动、拉伸、旋转和扭曲等操作。

要使用"路径变形（WSM）"修改器，首先要选中模型对象，施加该修改器，然后在命令面板上单击"拾取路径"按钮，在场景中选择路径曲线，即将模型对象指定给了路径，接下来就可以调整其参数，使模型对象沿着路径进行变形或设置动画。

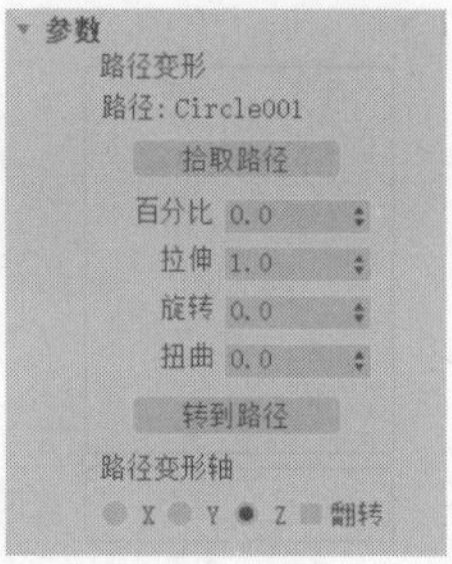

"路径变形（WSM）"修改器的"参数"面板如图3.27所示。它包含两个选项组：一个是"路径变形"；另一个是"路径变形轴"。

图3.27 "路径变形（WSM）"
修改器的"参数"面板

1."路径变形"选项组

该选项组提供提取路径、调整对象位置和沿着路径变形的控件。

（1）路径：显示选定路径对象的名称。

（2）"拾取路径"按钮：单击该按钮，选择一条样条线或NURBS曲线作为路径使用。

（3）百分比：设置路径长度的百分比。

（4）拉伸：对模型对象进行按比例拉伸。

（5）旋转：沿着路径旋转模型对象。

（6）扭曲：沿着路径扭曲模型对象。

（7）"转到路径"按钮：单击该按钮，模型对象即转到路径上。

2."路径变形轴"选项组

（1）X、Y、Z：选择一条轴旋转Gizmo，使其与对象的局部轴对齐。

（2）翻转：将Gizmo围绕指定轴翻转180°。

【例3.5】星球故事

本例效果类似于电视节目片头，让文字绕着球体旋转，同时球体自身也在旋转，实例制作中运用了"路径变形（WSM）"修改器。图3.28是动画中间帧的截图。

图3.28　星球故事

（1）模型创建。

① 创建球体和圆。

在"创建"命令面板执行"球体"命令，在透视图中创建一个"球体"，"半径"为40；创建一个"圆"，"半径"为50，将其与球体进行"中心"对齐，如图3.29所示。

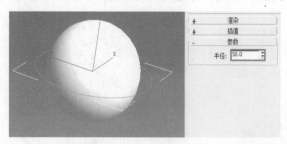

图3.29 创建球体和圆

② 创建文本。

执行"创建"→"图形"→"文本"命令，在前视图中创建一个文本对象，内容为"星球故事"，在"参数"面板中选择"字体"为"华文细黑"，"大小"为30，如图3.30所示。

选择文本对象，在"修改器列表"中选择"倒角"修改器，设置倒角值，倒角参数如图3.31所示。

图3.30 创建文本

图3.31 倒角参数

（2）材质贴图。

① 球体材质。

选择球体，打开材质编辑器，选择一个空白样本球，命名为"星球贴图"，在"漫反射"贴图通道为球体选择一幅星球贴图，并将其指定给球体对象，如图3.32所示。

此时会发现贴图效果并不理想，如图3.33所示，因此，需进一步处理。选择球体，在"修改"命令面板的"修改器列表"中选择"UVW贴图"修改器，然后在其"参数"卷展栏中选择"收缩包裹"单选按钮，则贴图效果将大大改善，如图3.34所示。

② 文本材质。

选择文本对象，打开材质编辑器，选择一个空白样本球，命名为"文本材质"；在"明暗器基本参数"卷展栏下

图3.32 星球贴图

的下拉列表中选择"金属",即将文本设置为"金属"着色类型;然后在下方的"金属基本参数"卷展栏中设置"环境光"和"漫反射"颜色均为深蓝色,其红、绿、蓝数值分别为 0、10、30;设置"自发光"的"颜色"数值为 80;"高光级别"为 100,"光泽度"为50,如图 3.35 所示。将编辑好的文本材质指定给场景中的文本对象,效果如图 3.36 所示。

图 3.33 贴图效果

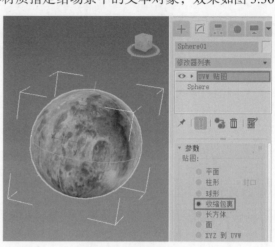

图 3.34 调整贴图效果

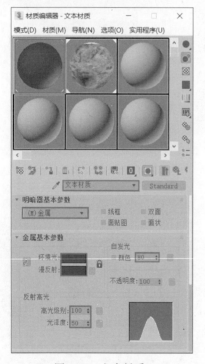

图 3.35 文本材质

图 3.36 文本材质效果

③ 环境背景。

执行"渲染"→"环境"命令,在打开的如图 3.37 所示的"环境和效果"对话框中,勾选"使用贴图"复选框,单击下方的长条按钮,选择一幅星光背景位图,渲染后的效果如图 3.38 所示。

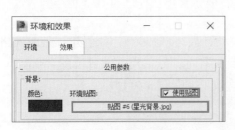

图 3.37 环境贴图

图 3.38 环境贴图效果

（3）动画设置。

选择文本，切换到"修改"命令面板，在"修改器列表"中选择"路径变形（WSM）"修改器，在其下方的"参数"面板中单击"拾取路径"按钮，在场景中选择"圆"对象作为路径，即可将文本移动至路径上；将"旋转"参数设置为 –90，"路径变形轴"设置为 X 轴。参数设置及效果如图 3.39 所示。

图 3.39 "路径变形（WSM）"修改器参数设置及效果

在动画控制区单击"自动"按钮，开始录制动画。选择文本对象，在整个时间段上每隔 25 帧设置一个关键帧，在"路径变形（WSM）"修改器的"参数"面板中修改"百分比"数值，形成动画效果，具体参数如表 3.1 所示。

表 3.1 文本动画参数

序 号	关键帧序号	百分比数值
1	第 0 帧	0
2	第 25 帧	–50
3	第 50 帧	–100
4	第 75 帧	–150
5	第 100 帧	–200

选择球体，在第 100 帧时，将球体绕 Z 轴旋转 –360° 即可。

（4）渲染输出。

按照"2.2 参数动画"中的方法，对动画进行渲染输出，保存为 AVI 格式的文件。

【例 3.6】多米诺骨牌

本例中，利用"切角长方体"命令创建骨牌模型，复制多个，并创建一条二维路径，利用"路径变形（WSM）"修改器将骨牌约束到路径上，然后用"轨迹视图 - 摄影表"来调整动画效果，最终形成接续倒下的多米诺骨牌效果，如图 3.40 所示。

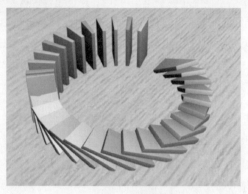

图 3.40　多米诺骨牌效果

（1）模型创建。

① 创建骨牌模型。

执行"创建"→"几何体"→"扩展基本体"→"切角长方体"命令，在透视图中创建一个切角长方体，其"长度"为 35，"宽度"为 6，"高度"为 60，"圆角"为 0.5，"圆角分段"为 3，如图 3.41 所示。

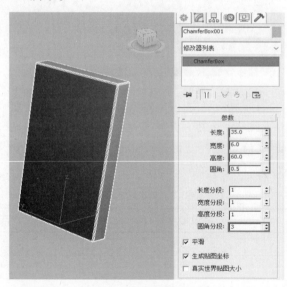

图 3.41　创建切角长方体

② 创建路径曲线。

执行"创建"→"图形"→"圆"命令，在顶视图中创建一个圆，"半径"为 100，效果如图 3.42 所示。

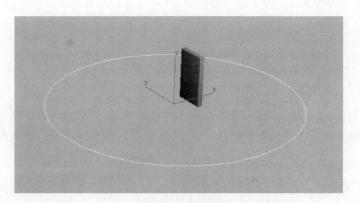

图 3.42　创建圆

③施加"路径变形（WSM）"修改器。

选择切角长方体，切换到"修改"命令面板，在"修改器列表"中选择"路径变形（WSM）"修改器，单击下方"参数"卷展栏中的"拾取路径"按钮，在视图中拾取"圆"路径，然后单击"转到路径"，在"路径变形轴"中选择 X 单选按钮，并酌情勾选"翻转"复选框，参数设置及效果如图 3.43 所示。

④复制骨牌模型。

选择切角长方体，在"修改"命令面板中将其名称修改为"骨牌 001"，沿 X 轴方向移动复制骨牌（按 Shift+X 组合键），在弹出的"克隆选项"对话框中选择"实例"单选按钮，设置"副本数"为 30，单击"确定"按钮后完成骨牌复制，参数设置如图 3.44 所示；复制结果如图 3.45 所示。

⑤创建平面。

创建一个平面，作为骨牌的依附体，尺寸适当即可。

（2）材质贴图。

①骨牌材质。

图 3.43　施加"路径变形（WSM）"修改器

从骨牌 001 开始，三个一组，颜色分别设置为红、黄、蓝，最后多出的一个设置为白色。

②平面贴图。

选择平面模型，为其指定一幅木纹贴图。材质贴图效果如图 3.46 所示。

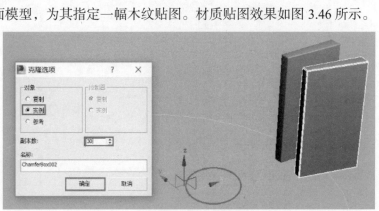

图 3.44　复制骨牌

图 3.45　复制结果

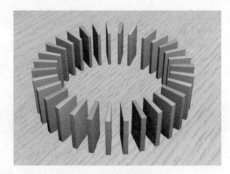

图 3.46　材质贴图效果

（3）动画制作。

在动画控制区单击界面下方"自动"按钮，选择所有 31 个骨牌，将时间滑块拖动至第 10 帧，在透视图中将所有骨牌绕 Y 轴旋转 60°，效果如图 3.47 所示。

此时播放动画，会发现所有骨牌是一起倒下的，不符合多米诺骨牌依次倒下的实际情况，因此，需进一步调整使其达到此效果。

执行"图形编辑器"→"轨迹视图 - 摄影表"命令，如图 3.48 所示，则将打开如图 3.49 所示的窗口。

图 3.47　旋转骨牌

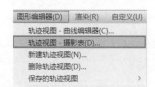

图 3.48　执行"轨迹视图 - 摄影表"命令

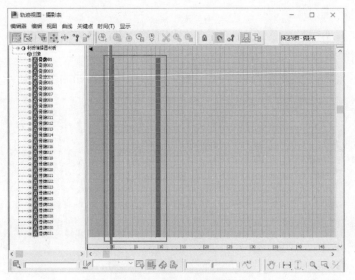

图 3.49　"轨迹视图 - 摄影表"窗口

从图3.49可看出，目前31个骨牌的关键帧范围均为0～10，即它们是同步运动的。下面将通过在该对话框中对002～031号骨牌的关键帧进行移动的方式，使所有骨牌的关键帧依次错开，形成阶梯状，即可达到在运动方式上依次倒下的效果。

移动时，注意相邻两个骨牌之间错开3帧，即001号骨牌的关键帧范围为0～10，002号骨牌的关键帧范围为3～13，003号骨牌的关键帧范围为6～16，依次类推。移动结果如图3.50所示。此时单击"播放动画"按钮，会发现骨牌的运动符合预期。

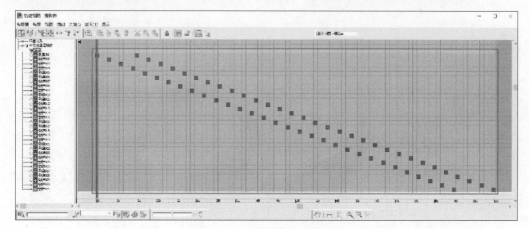

图3.50　骨牌关键帧时间序列

（4）渲染输出。

按照"2.2 参数动画"中的方法，对动画进行渲染输出，保存为AVI格式的文件。图3.40为第60帧时的动画效果。

本例中骨牌的运动轨迹是一个圆形曲线，在实际制作过程中，读者可发挥创意，自行创建其他形式的路径曲线，如直线、曲线、螺旋线等，以达到更加丰富多彩的骨牌运动效果。

第 4 章

CHAPTER 4

轨迹视图

轨迹视图是 3ds Max 系统专门提供显示动画角色对象关键点和运动轨迹的窗口。在 3ds Max 中，除了可以直接在时间轴中编辑关键点外，还可以在轨迹视图中对关键点进行更复杂的编辑，例如可以复制或粘贴运动轨迹、添加动画控制器、改变运动状态等。

轨迹视图有两种显示方式，即"轨迹视图 - 摄影表"和"轨迹视图 - 曲线编辑器"。"轨迹视图 - 摄影表"可以将动画显示为关键点和范围的电子表格；"轨迹视图 - 曲线编辑器"可以将动画显示为对象运动的功能曲线。下面将分别对其进行介绍。

4.1 轨迹视图 - 摄影表

摄影表是轨迹视图的一种显示方式，它显示整个动画时间上的关键点分布。在摄影表中，可以自由地操作所有的关键点，包括选择、添加、移动、复制、删除关键点；修改关键点的值；调节一组关键点的时间范围等。

以下通过一个简单的小动画，介绍摄影表的界面和功能。

打开软件，在透视图中创建一个茶壶，单击"自动"按钮，将时间滑块拖到第 100 帧时，将茶壶绕 Z 轴旋转 180°，如图 4.1 所示。

第 0 帧   第 100 帧

图 4.1 茶壶旋转动画

执行"图形编辑器"→"轨迹视图 - 摄影表"命令，如图 4.2 所示，即打开如图 4.3 所示的"轨迹视图 - 摄影表"窗口。

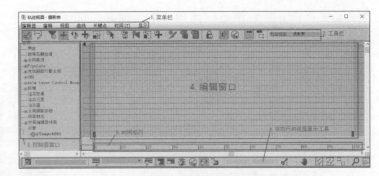

图 4.2　执行"轨迹视图 - 摄影表"命令　　　　图 4.3　"轨迹视图 - 摄影表"窗口

4.1.1　摄影表工作界面

由图 4.3 可知，摄影表工作界面主要由 6 部分组成。

1. 菜单栏

菜单栏包括"编辑器""编辑""视图""曲线""关键点""时间""显示"7 个主菜单，这些菜单涵盖了摄影表的大部分功能。

2. 工具栏

工具栏位于菜单栏的下方，以按钮的形式给出了摄影表常用的工具命令。

3. 控制器窗口

控制器窗口位于视图左侧区域中，以目录树的形式列出了场景中所有可制作动画的项目，共分为 11 个类别。每个类别中又按不同的层级关系进行排列，每个项目都对应于右侧的编辑窗口。通过控制器窗口，可以指定要进行编辑的项目，还可以为指定的项目加入不同的动画控制器和越界参数曲线。

4. 编辑窗口

编辑窗口即窗口中间最大的区域，是摄影表的主要窗口。在这个窗口中可以显示出动画关键点和动画区段，以便对各个项目进行轨迹编辑。窗口下方的两个绿色小方块（具体颜色见软件界面）即为本例中茶壶对象的两个关键帧。

5. 时间标尺

时间标尺位于编辑窗口下方，它显示了动画对象的时间范围。

6. 状态行和视图显示工具

状态行和视图显示工具位于窗口的底部，用来显示当前的状态和视图显示工具的使用情况。

4.1.2　摄影表功能

1. 添加关键点

动画录制完成后，如果想在动画过程中添加关键点，用摄影表是非常方便的，步骤如下：

（1）选择场景中的对象，打开"轨迹视图 - 摄影表"窗口。

（2）在左侧的控制器窗口中展开对象的相关层级，本例中展开"变换"下的"旋转"层级。

（3）单击工具栏中的"添加 / 移除关键点"按钮。

（4）在"旋转"行与欲添加的时间标尺的交叉处单击，即可完成关键点的添加。

图 4.4 演示了如何在第 50 帧添加一个关键点，同时下方状态栏的文本框中显示出了当前的时间为 50。

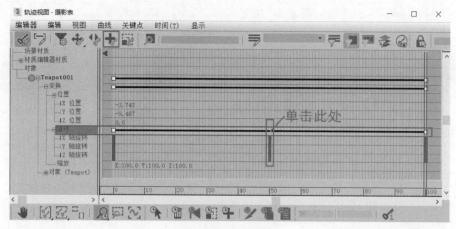

图 4.4　添加关键点

（5）右击界面空白处，结束"添加关键点"命令。

2．修改关键点的值

一旦动画录制完成，如果用户对某关键点的数值不满意，往往需要重新录制，这是相当麻烦的，而在摄影表中修改关键点的数值是非常方便的，其方法步骤如下：

（1）选择场景中的对象，打开"轨迹视图 - 摄影表"窗口。

（2）在左侧的控制器窗口中展开对象的相关层级，本例中将"变换"下的"位置"和"旋转"层级全部展开。

（3）在编辑窗口中拟修改数值的关键点处单击，下方状态栏的文本框中就会出现该关键点的相关数值，在该文本框中直接修改该数值即可。

本例中，由于茶壶只是设定了绕 Z 轴旋转，并没有其他动画效果，因此此处修改了第 50 帧的旋转数值，单击"Z 轴旋转"与时间标尺的 50 相交处的关键点，在下方状态栏的第 2 个文本框中将原数值 90 修改为 –180，如图 4.5 所示。此时播放动画，会观察到数值修改后的动画效果。

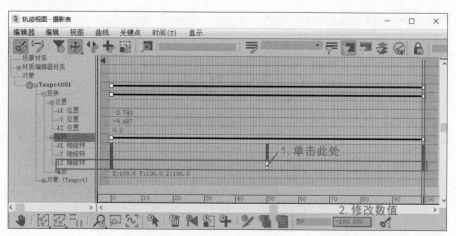

图 4.5　修改关键点数值

3. 移动关键点

移动关键点比较简单，在编辑窗口中直接框选要移动的关键点的所有小方块，将其拖动至目标位置即可。本例中，将第 50 帧的全部关键点移动至第 30 帧，如图 4.6 所示。

4. 复制关键点

复制关键点也比较简单，与移动关键点类似，只要在移动的同时按 Shift 键即可，如图 4.6 所示。

5. 调节关键点的时间范围

默认情况下，动画时间范围为 0 ～ 100 帧，如果想任意设置动画的时间范围，则直接在"轨迹视图 - 摄影表"窗口中选择并移动关键点即可，如图 4.6 所示即为将第 100 帧的关键点移动到了第 90 帧，因此动画的时间范围即变成了 0 ～ 90 帧。

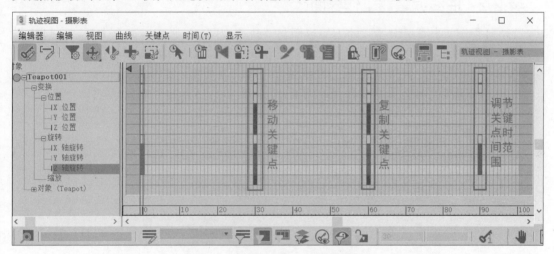

图 4.6 关键点的移动、复制和调节

6. 删除关键点

删除关键点非常简单，在编辑窗口中直接框选要删除的关键点的所有小方块，按 Delete 键直接删除即可。

4.2 轨迹视图 - 曲线编辑器

"轨迹视图 - 曲线编辑器"为轨迹视图的默认显示方式，也是最常用的一种显示方式。在 3ds Max 动画中，可以用功能曲线的形式来描述物体运动，而这些功能曲线被收集在一个编辑器中，它就是曲线编辑器。3ds Max 中发生的一切动画效果都会被记录在曲线编辑器中，而常规的时间线上只能记录关键帧动画。

4.2.1 曲线编辑器打开方法

打开"轨迹视图 - 曲线编辑器"窗口的方法有以下三种。

1. 菜单方式

在"图形编辑器"主菜单中执行"轨迹视图 - 曲线编辑器"命令，即可打开"轨迹视图 - 曲线编辑器"窗口。

2．工具方式

在软件界面的主工具栏上单击"曲线编辑器"按钮，即可打开"轨迹视图 - 曲线编辑器"窗口。

3．快捷菜单方式

右击视图空白处或动画对象，在弹出的快捷菜单中执行"曲线编辑器"命令，也可打开"轨迹视图 - 曲线编辑器"窗口。

此外，在软件界面左下角有一个图标，即"迷你曲线编辑器"，单击后也可打开"轨迹视图 - 曲线编辑器"窗口，只不过它驻留在界面下方，通过拖动边界线可以拉大观察区域。

4.2.2　曲线编辑器工作界面

"轨迹视图 - 曲线编辑器"的工作界面与"轨迹视图 - 摄影表"完全类似，也包括菜单栏、工具栏、控制器窗口、编辑窗口、时间标尺，以及状态行和视图显示工具。唯一的区别在于"轨迹视图 - 曲线编辑器"的编辑窗口中显示的是对象的动画曲线，如图 4.7 所示，而"轨迹视图 - 摄影表"的编辑窗口中显示的是对象的动画关键帧。

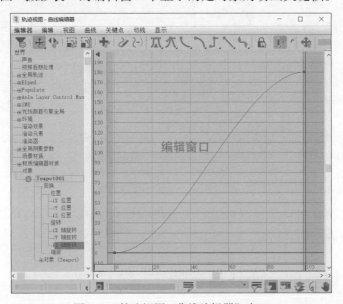

图 4.7　"轨迹视图 - 曲线编辑器"窗口

4.2.3　功能曲线

在动画的设置过程中，除了关键点的位置和参数值外，关键点曲线也是一个很重要的因素。同一个动画中，即使关键点的位置相同，运动的程度也一致，但如果使用不同的关键点曲线，也会产生不同的动画效果。

3ds Max 2020 中共有 7 种不同的功能曲线形态，分别为"自动关键点曲线""样条线关键点曲线""快速关键点曲线""慢速关键点曲线""阶梯关键点曲线""线性关键点曲线""平滑关键点曲线"，其对应的操作工具位于界面上方的工具栏中，如图 4.8 所示。

图 4.8　7 种功能曲线工具

1. 自动关键点曲线

在工具栏中单击"将切线设置为自动"按钮，即可切换为"自动关键点曲线"模式。自动关键点曲线的形态较为平滑，在靠近关键点的位置，对象运动速度略慢；在关键点与关键点之间的位置，对象的运动趋于匀速，大多数对象在运动时都是这种运动状态，系统默认的也是这种曲线形态。图4.9是图4.1中茶壶绕Z轴旋转的动画曲线。

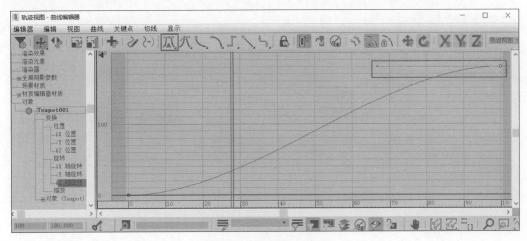

图4.9 自动关键点曲线

2. 样条线关键点曲线

样条线关键点曲线能够通过手动调整关键点控制手柄的方法，将关键点曲线调整为样条线形式。

如图4.10所示，在编辑窗口中选择第100帧的关键点，并在工具栏中单击"将切线设置为样条线"按钮，即可切换为"样条线关键点曲线"模式，此时关键点的操作手柄由蓝色变成了黑色，用鼠标拖动黑色手柄即可改变曲线形态，播放动画，会观察到物体由慢到快的运动过程。

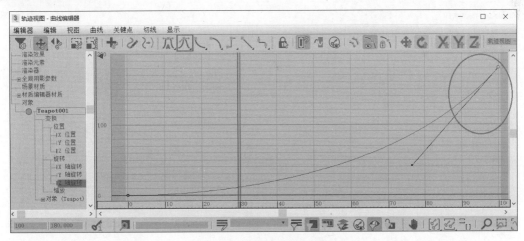

图4.10 样条线关键点曲线

3. 快速关键点曲线

使用快速关键点曲线可以设置物体由慢到快的运动过程。物体从高处掉落时就是一种匀加速的运动状态。

如图 4.11 所示，在编辑窗口中选择第 100 帧的关键点，并在工具栏中单击"将切线设置为快速"按钮，即可切换为"快速关键点曲线"模式，此时关键点的操作手柄由蓝色变成了黑色，用鼠标拖动黑色手柄即可改变曲线形态，播放动画，会发现茶壶对象缓慢旋转，越接近 100 帧时，运动速度越快。

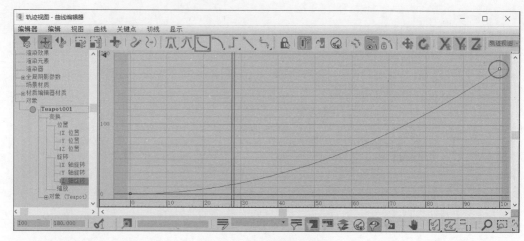

图 4.11　快速关键点曲线

4. 慢速关键点曲线

使用慢速关键点曲线可以设置物体由快到慢的运动过程，使对象在接近关键点时速度减慢，如汽车停车时的运动状态。

如图 4.12 所示，在编辑窗口中选择第 100 帧的关键点，并在工具栏中单击"将切线设置为慢速"按钮，即可切换为"慢速关键点曲线"模式，此时关键点的操作手柄由蓝色变成了黑色，用鼠标拖动黑色手柄即可改变曲线形态，播放动画，会发现茶壶对象正常旋转，越接近 100 帧时，运动速度越慢。

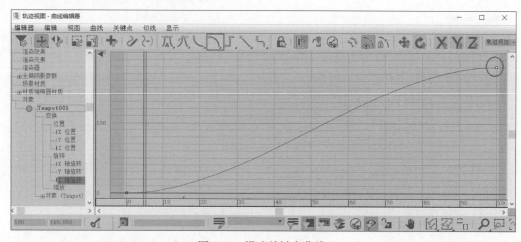

图 4.12　慢速关键点曲线

5. 阶梯关键点曲线

阶梯关键点曲线使对象在两个关键点之间没有过渡的过程，而是突然由一种运动状态转变为另一种运动状态,这与冲压机、打桩机等的机械运动相似。

在编辑窗口中选择第 100 帧的关键点,并在工具栏中单击"将切线设置为阶梯式"按钮,即可切换为"阶梯关键点曲线"模式,此时曲线自动变为阶梯式,如图 4.13 所示。播放动画,会发现茶壶保持不动,在 100 帧时,突然旋转了 180°。

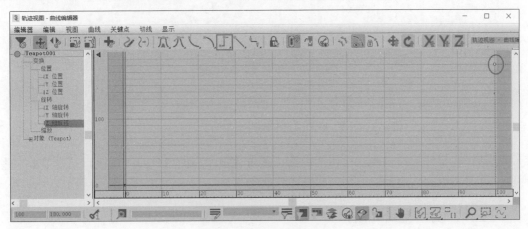

图 4.13 阶梯关键点曲线

6. 线性关键点曲线

线性关键点曲线使对象保持匀速直线运动,运动过程中的对象,如飞行中的飞机、移动中的汽车等通常为这种状态。使用线性关键点曲线还可设置对象的匀速旋转,如螺旋桨、风扇等。

如图 4.14 所示,在编辑窗口中分别选择第 0 帧和第 100 帧的关键点,并在工具栏中单击"将切线设置为线性"按钮,即可切换为"线性关键点曲线"模式,此时曲线自动变换为线性曲线,播放动画,会发现茶壶对象一直保持匀速旋转。

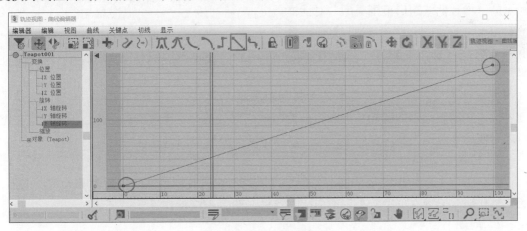

图 4.14 线性关键点曲线

7. 平滑关键点曲线

平滑关键点曲线可以让物体的运动状态变得平缓,关键点两端没有控制手柄,在工具栏中单击"将切线设置为平滑"按钮,即可切换为"平滑关键点曲线"模式,如图 4.15 所示。

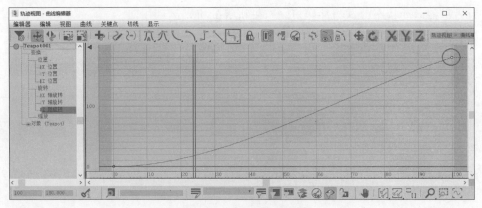

图 4.15　平滑关键点曲线

此外，在每种关键点曲线按钮的内部，还包含了相应的内外曲线按钮，通过单击这些按钮，可以只更改当前关键点的内曲线或外曲线。

4.2.4　设置循环动画

在 3ds Max 中，"参数曲线超出范围类型"可以设置物体在已确定的关键点之外的运动情况。通过此功能，用户可以在仅设置少量关键点的情况下，使某种运动不断循环，这样既可大幅提高工作效率，又确保了动画设置的准确性。

在此还是以图 4.1 中茶壶旋转动画为例，只是将茶壶旋转的动画时间范围调整为 0 ～ 20 帧，在场景中选择茶壶对象，打开"轨迹视图 - 曲线编辑器"窗口，并在编辑窗口中进入茶壶的"Z 轴旋转"层级，在界面上方工具栏中单击"参数曲线超出范围类型"按钮 ，打开如图 4.16 所示的"参数曲线超出范围类型"对话框。

由图 4.16 可知，"参数曲线超出范围类型"共有 6 类，分别为"恒定""周期""循环""往复""线性"和"相对重复"。

在每种类型图形下方，均有两个按钮 和 ，

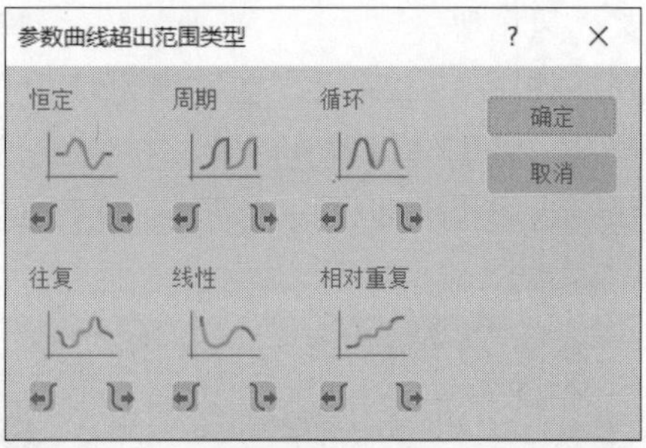

图 4.16　"参数曲线超出范围类型"对话框

前者代表在动画范围的起始关键点之前使用该范围类型；后者代表在动画范围的结束关键点之后使用该范围类型。这两个按钮可以位于同一类型下，也可分属不同类型下。

1．恒定

默认情况下，使用的是"恒定"类型，该类型在所有帧范围内保留末端关键点的值，也就是在所有关键点范围外不再使用动画效果，如图 4.17 所示。

2．周期

"周期"类型将在一个范围内重复相同的动画。在图 4.16 所示的对话框中，单击"周期"选项下方的两个小按钮，单击"确定"按钮关闭对话框，曲线形状如图 4.18 所示。播放动画，会发现茶壶在活动时间段内一直重复相同的动画。

3．循环

"循环"类型将在一个范围内循环相同的动画。在"参数曲线超出范围类型"对话框

中，单击"循环"选项下方的两个小按钮，单击"确定"按钮关闭对话框，曲线形状如图 4.19 所示。播放动画，会发现茶壶在活动时间段内一直重复相同的动画。在本例中，"循环"与"周期"类型动画运动结果相似。

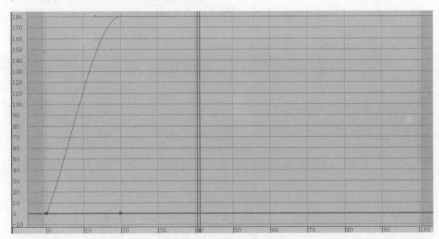

图 4.17 "恒定"类型曲线

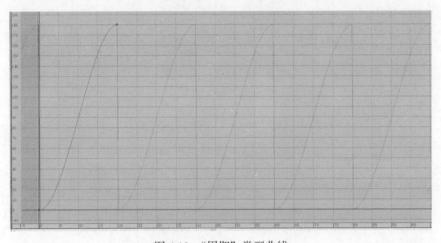

图 4.18 "周期"类型曲线

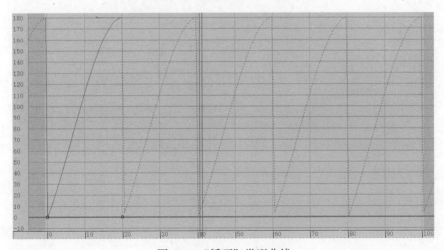

图 4.19 "循环"类型曲线

4．往复

"往复"类型将已确定的动画正向播放后连接反向播放，如此反复衔接。在"参数曲线超出范围类型"对话框中，单击"往复"选项下方的两个小按钮，单击"确定"按钮关闭对话框，曲线形状如图 4.20 所示。播放动画，会发现在播放到第 20 帧时，茶壶将按照先前的运动轨迹原路返回。

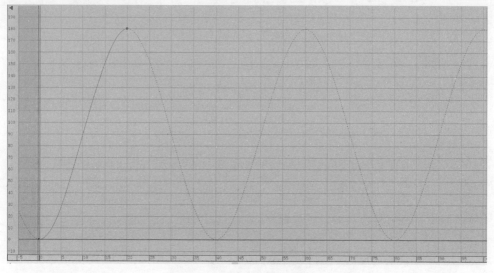

图 4.20　"往复"类型曲线

5．线性

"线性"类型将在已确定的动画两端插入线性的动画曲线，使动画在进入和离开设定的区段时保持平稳。在"参数曲线超出范围类型"对话框中，单击"线性"选项下方的两个小按钮，单击"确定"按钮关闭对话框，此时发现窗口中的曲线形态并没有发生变化。在编辑窗口中选择最后一个关键点，用鼠标拖动并调节蓝色控制手柄，如图 4.21 所示。播放动画，会发现茶壶从第 20 帧开始会沿着初始方向无限旋转下去。

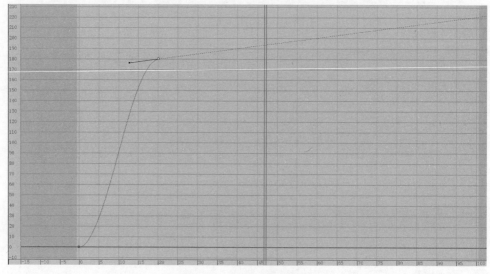

图 4.21　"线性"类型曲线

6. 相对重复

"相对重复"类型使动画对象沿着当前的动画方向无限运动下去。在"参数曲线超出范围类型"对话框中，单击"相对重复"选项下方的两个小按钮，单击"确定"按钮关闭对话框，此时的曲线形态如图 4.22 所示。播放动画，发现茶壶一直在旋转。

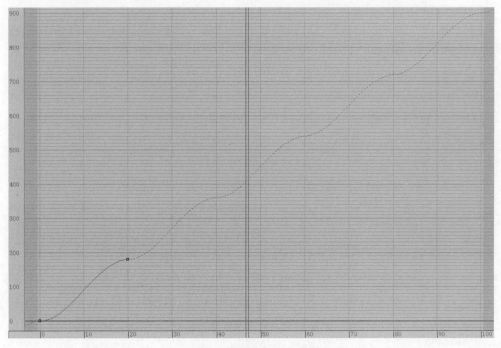

图 4.22　"相对重复"类型曲线

4.3　综合实例

本节将通过两个实例，介绍如何综合运用"轨迹视图 - 摄影表"和"轨迹视图 - 曲线编辑器"的各种功能。通过实例演练，让读者更加熟悉和掌握轨迹视图的应用。

4.3.1　弹跳的弹簧

下面将以一个弹簧在桌面上下跳动为例，介绍"轨迹视图 - 摄影表"和"轨迹视图 - 曲线编辑器"的实际应用，动画中的几个关键帧效果如图 4.23 所示。

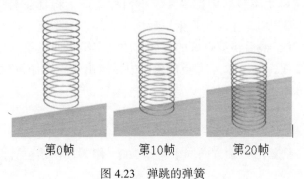

第0帧　　　　第10帧　　　　第20帧

图 4.23　弹跳的弹簧

1．模型创建

1）弹簧模型

执行"创建"→"图形"→"螺旋线"命令，在透视图中创建一个螺旋线，设置"半径 1"为 100，"半径 2"为 100，"高度"为 500，"圈数"为 15，如图 4.24 所示。

2）桌面模型

执行"创建"→"几何体"→"标准基本体"→"平面"命令，在顶视图中创建一个大小适当的平面作为桌面，如图 4.25 所示。

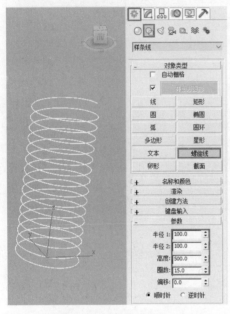 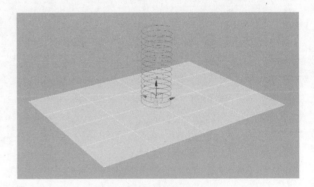

图 4.24　创建弹簧模型　　　　　　　　图 4.25　创建桌面

2．材质贴图

1）弹簧材质

打开材质编辑器，选择一个空白样本球，将其命名为"弹簧材质"，在"明暗器基本参数"卷展栏的下拉列表中选择"金属"类型；在"金属基本参数"卷展栏中，将"环境光"和"漫反射"颜色均设置为白色，设置"高光级别"为 120，"光泽度"为 50，如图 4.26 所示，将编辑好的弹簧材质指定给弹簧对象。

2）桌面材质

与上步类似，在材质编辑器中选择一个空白样本球，将其命名为"桌面材质"，在"Blinn 基本参数"卷展栏中单击"漫反射"后的小方块，为桌面选择一幅木纹贴图，并将"高光级别"设置为 20，最后将编辑好的桌面材质指定给桌面对象，并单击"在视口中显示明暗处理材质"按钮，贴图效果将会在视口中显示出来，操作过程如图 4.27 所示，材质渲染效果如图 4.28 所示。

3．动画制作

1）设置弹簧弹跳动画

选择弹簧对象，将其沿 Z 轴方向向上移动 300，作为其初始位置，即第 0 帧状态，如图 4.29 所示。

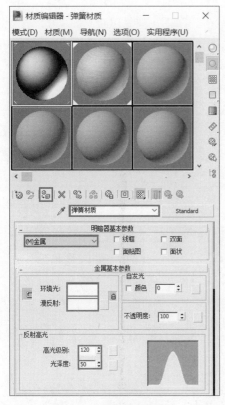

图 4.26　编辑弹簧材质

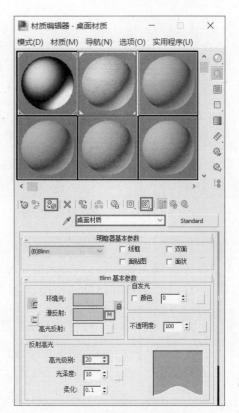

图 4.27　编辑桌面材质

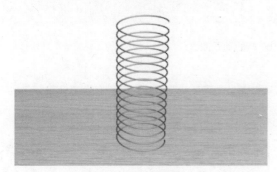

图 4.28　材质效果

图 4.29　弹簧第 0 帧状态

　　在动画控制区单击"自动"按钮，开始录制动画，第 20 帧时，将弹簧移回原位，即桌面上；第 40 帧时，弹簧又跳到空中，与第 0 帧位置相同。如此即在 0 ～ 40 帧形成一个完整的运动周期，如图 4.30 所示，此时，再次单击"自动"按钮结束动画录制。

　　弹簧弹跳的动画过程是一种周期性的重复运动，因此在利用关键帧动画制作方法完成一个周期的动画之后，其后重复的运动过程可利用"轨迹视图 - 曲线编辑器"中的特定功能来实现。

　　执行"轨迹视图 - 曲线编辑器"命令，打开"轨迹视图 - 曲线编辑器"窗口，在该窗口中单击"参数曲线超出范围类型"按钮，即可弹出"参数曲线超出范围类型"对话框，在该对话框中，在"恒定"选项下方单击显示为左箭头的按钮，在"周期"选项下方单击显示为右箭头的按钮，然后单击"确定"按钮，关闭对话框，如图 4.31 所示。

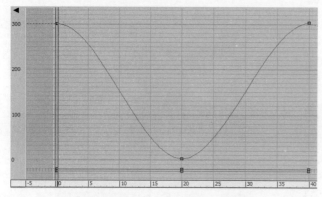

图 4.30　弹簧第 0 ～ 40 帧的运动曲线

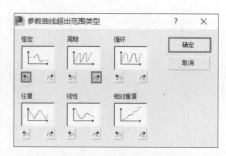

图 4.31　设置"参数曲线超出范围类型"

以上操作完成之后，会发现 40 帧以后的动画曲线已显示在窗口的编辑窗口中，如图 4.32 所示，即 40 帧以后的动画是一种重复的周期运动，此时，单击"播放动画"按钮，将会看到在 100 帧时间范围内，弹簧在做上下往复的弹跳运动。

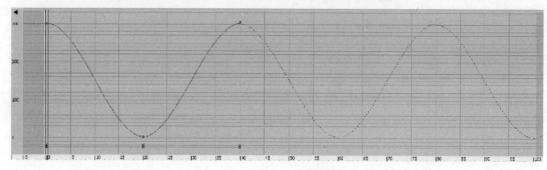

图 4.32　0 ～ 100 帧的动画曲线

2）调整弹簧运动速度

通过以上设置，弹簧已可完成匀速的上下往复运动，为了更好地模拟弹簧的运动状况，注意到弹簧落地时速度会加快，因此在曲线编辑器中通过修改其落地时的切线方式来实现此功能。

打开"轨迹视图-曲线编辑器"窗口，选择第 20 帧的小方块，在工具栏中单击"将切线设置为快速"按钮，20 帧邻近的曲线已切换为快速模式，曲线形态如图 4.33 所示。

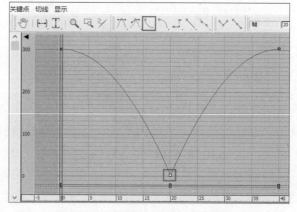

图 4.33　将切线设置为快速模式

3）改变弹簧落地时的高度

在实际生活中，会发现弹簧落地时高度会适当缩小，而其弹跳起来时高度则会渐渐恢复，以下将模拟该变化过程。

选择弹簧对象，在动画控制区单击"自动"按钮，将时间滑块拖动至第 20 帧，在"修改"命令面板中将弹簧的"高度"修改为 400，此时播放动画，将会发现在第 0 ～ 20

帧范围内，弹簧高度已从 500 逐渐减少为 400；而第 40 帧又希望弹簧高度恢复原状，因此可通过在"轨迹视图 - 摄影表"中复制关键帧来实现。

执行"轨迹视图 - 摄影表"命令，打开"轨迹视图 - 摄影表"窗口，此时会发现与弹簧"高度"参数相对应的已有第 0 帧和第 20 帧两个关键帧，单击第 0 帧的小方块，按 Shift 键，用鼠标拖动第 0 帧的小方块至第 40 帧，即可将第 0 帧的弹簧高度尺寸复制到第 40 帧，如图 4.34 所示。

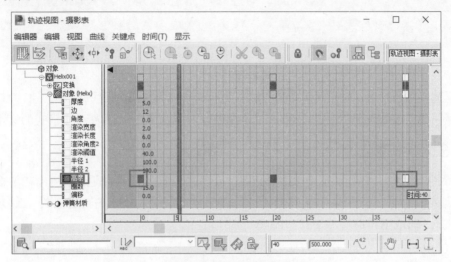

图 4.34　复制关键帧

此时，切换到"轨迹视图 - 曲线编辑器"显示模式，会发现在第 0 ~ 40 帧，弹簧高度变化曲线如图 4.35 所示。

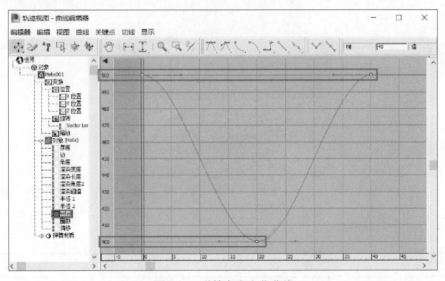

图 4.35　弹簧高度变化曲线

以上高度变化曲线只存在于第 0 ~ 40 帧，第 40 帧之后的动画效果同样可通过在"参数曲线超出范围类型"中进行设置，设置方法参照图 4.31 和图 4.32，设置后的曲线如图 4.36 所示。此时播放动画，会发现弹簧按照预期效果进行运动。

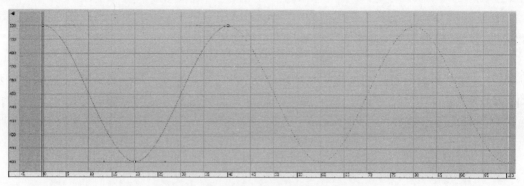

图 4.36　第 40 帧之后弹簧高度变化曲线

4. 渲染输出

按照"2.2 参数动画"中的方法，对动画进行渲染输出，保存为 AVI 格式的文件。

4.3.2　小球碰撞

本例中，小球 1 沿着预定路径滚动向前，与小球 2 碰撞后原路返回；小球 2 在碰撞之后开始连续跳台阶，效果如图 4.37 所示。动画过程中综合运用了"轨迹视图 - 摄影表"和"轨迹视图 - 曲线编辑器"的主要功能。

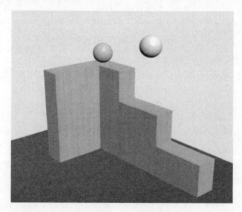

图 4.37　小球碰撞

1. 模型创建

1）创建长方体台阶

执行"创建"→"几何体"→"标准基本体"→"长方体"命令，在透视图中依次创建 4 个长方体，其参数如表 4.1 所示，创建完成后，将其进行对齐操作，效果如图 4.38 所示。

表 4.1　长方体参数

序　　号	长　　度	宽　　度	高　　度
1	20	50	90
2	50	20	90
3	50	20	60
4	50	20	30

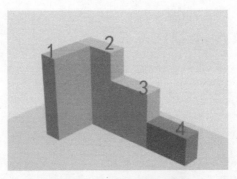

图 4.38 创建长方体台阶

2）创建地面

执行"创建"→"几何体"→"标准基本体"→"平面"命令，创建一个平面作为地面，其"长度"为 300，"宽度"为 200。

3）创建小球

执行"创建"→"几何体"→"标准基本体"→"球体"命令，在视图中创建两个小球，"半径"均为 10，将两个小球通过"对齐"命令分别放置在其初始位置，如图 4.39 所示。

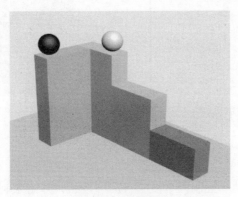

图 4.39 场景模型

2. 材质贴图

1）小球材质

打开材质编辑器，选择一个空白样本球，将其命名为"小球 1 材质"，在"Blinn 基本参数"卷展栏中将"环境光"和"漫反射"颜色设置为黄色，设置"高光级别"为 60，"光泽度"为 50；同样，选择另一个空白样本球，将其命名为"小球 2 材质"，在"Blinn 基本参数"卷展栏中将"环境光"和"漫反射"颜色设置为白色，设置"高光级别"为 60，"光泽度"为 50；将编辑好的两种材质分别指定给小球 1 和小球 2 对象。

2）台阶材质

在材质编辑器中选择一个空白样本球，将其命名为"台阶材质"，在"Blinn 基本参数"卷展栏中，在"漫反射"通道选择一幅木纹贴图，将其指定给 4 个台阶。

3）地面材质

在材质编辑器中选择一个空白样本球，将其命名为"地面材质"，在"Blinn 基本参数"卷展栏中，在"漫反射"通道选择一幅地毯贴图，将其指定给平面对象。材质编辑过程如图 4.40 所示；最终效果如图 4.41 所示。

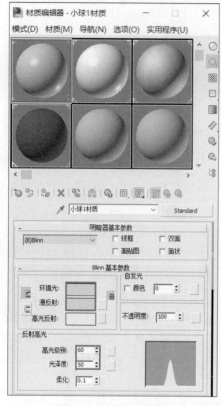

图 4.40　材质编辑器

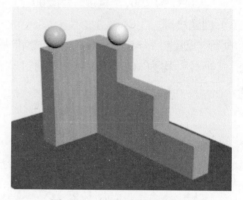

图 4.41　材质和贴图效果

3．动画制作

1）小球 1 动画

选择"小球 1"，在动画控制区单击"自动"按钮，开始录制动画。第 0 帧时，"小球 1"处于初始位置；第 20 帧时，"小球 1"直线运动至台阶 2 端部；第 40 帧时，"小球 1"直线运动至与"小球 2"相切，图 4.42 为顶视图效果。

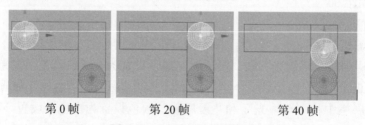

第 0 帧　　　　　　第 20 帧　　　　　　第 40 帧

图 4.42　"小球 1"动画效果

此时播放动画，会看到"小球 1"沿着图 4.42 所示轨迹进行直线运动，为使小球运动更加真实，需为小球添加滚动效果。

执行"轨迹视图 - 摄影表"命令，在打开的窗口中，会发现"小球 1"的位置变换上已有了 3 个关键帧，即第 0 帧、第 20 帧、第 40 帧，如图 4.43 所示。

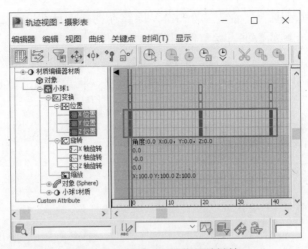

图 4.43 "小球 1"的位置关键帧

现希望"小球 1"在旋转变换方面也有关键帧，因此，单击窗口界面工具栏中的"添加关键点"按钮，在"旋转"行添加 3 个关键点，对应以上第 0 帧、第 20 帧、第 40 帧；然后，单击"移动关键点"按钮，选择 Y 轴旋转，将其第 20 帧和第 40 帧的旋转数值均设置为 360；接着选择 X 轴旋转，将其第 40 帧的旋转数值设置为 360，参数如表 4.2 所示，操作过程如图 4.44 所示。

表 4.2 "小球 1"旋转参数

帧 数	X 轴旋转角度 /（°）	Y 轴旋转角度 /（°）
第 0 帧	0	0
第 20 帧	0	360
第 40 帧	360	360

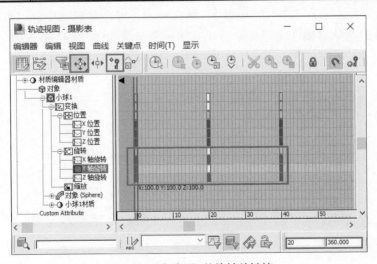

图 4.44 "小球 1"的旋转关键帧

经过以上操作，会发现"小球 1"在第 0 ～ 40 帧范围内做着移动加旋转的复合运动，达到了理想的效果。

在第 40 ～ 80 帧范围内，希望"小球 1"原路返回，因此可将第 20 帧的数据直接复制到第 60 帧，将第 0 帧的数据直接复制到第 80 帧。

打开"轨迹视图 - 摄影表"窗口，框选"小球 1"第 20 帧的全部数据块，配合键盘上的 Shift 键，将其拖动复制至第 60 帧；用同样的方法，将第 0 帧的数据拖动复制至第 80 帧，如图 4.45 所示。

"小球 1"的动画全部设置完成，此时播放动画，将会看到"小球 1"在第 0 ～ 40 帧前进，在第 40 ～ 80 帧原路返回的动画效果。

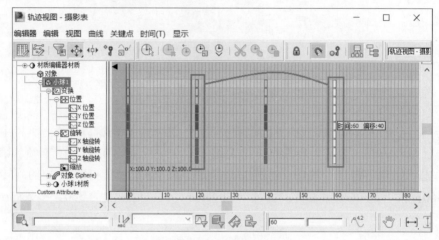

图 4.45　复制关键帧

2）"小球 2"动画

"小球 2"的动画从"小球 1"碰到它的第 40 帧开始，从第 40 ～ 60 帧完成一次跳台阶的过程，之后重复跳台阶。

选择"小球 2"，在动画控制区单击"自动"按钮，开始录制动画，第 40 帧时，"小球 2"在初始位置；第 50 帧时，"小球 2"跳在空中，可在左视图中将"小球 2"适当移动至空中，此时将第 0 帧的关键帧小方块直接拖动至第 40 帧；第 60 帧时，"小球 2"落到下一个台阶上，可用"对齐"操作将"小球 2"对齐于下一个台阶上；图 4.46 是左视图中观察到的"小球 2"运动过程。

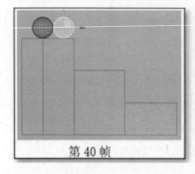
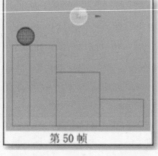
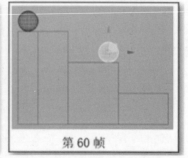

第 40 帧　　　　第 50 帧　　　　第 60 帧

图 4.46　"小球 2"运动过程

为使"小球 2"在运动过程中同时进行旋转，与"小球 1"的旋转处理方法相同，在"轨迹视图 - 摄影表"窗口中，单击界面工具栏中的"添加关键点"按钮，在"X 轴旋转"

行添加 2 个关键点，对应第 40 帧和第 60 帧；然后，单击"移动关键点"按钮，选择第
60 帧的小方块，在该界面下方的文本框中将旋转数值设置为 360，如图 4.47 所示。

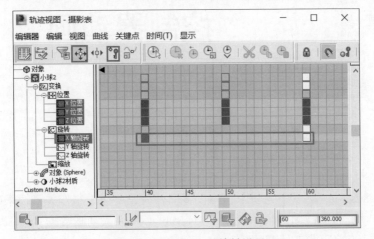

图 4.47　"小球 2"的旋转设置

　　"小球 2"在第 60 帧以后的动画可在"轨迹视图 - 曲线编辑器"窗口中进行设置。打
开"轨迹视图 - 曲线编辑器"窗口，在左侧列表中选中全部位置和旋转选项，如图 4.48 所
示，然后单击"参数曲线超出范围类型"按钮，在打开的如图 4.49 所示的对话框中，在
"恒定"选项下方单击显示为左箭头的按钮，在"相对重复"选项下方单击显示为右箭头
的按钮，单击"确定"按钮后"小球 2"即可进行相对重复运动。

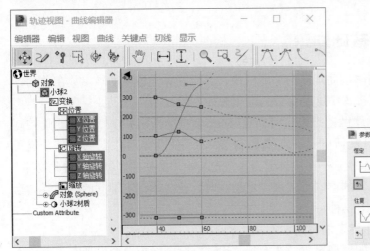

图 4.48　选择要重复的选项

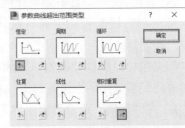

图 4.49　"参数曲线超出范围类型"对话框

　　小球碰撞动画至此完成，播放动画，会观察到完整的动画效果。

4．渲染输出

按照"2.2 参数动画"中的方法，对动画进行渲染输出，保存为 AVI 格式的文件。

第 5 章

控制器动画

当用户在 3ds Max 场景中为一个物体设置动画时，要通过制作关键帧来确定物体运动的状态，但是对于非关键帧的物体状态，3ds Max 必须插入动画数据，在 3ds Max 中，这部分工作是由动画控制器来处理的。

动画控制器能够通过在动画数据中插值的方法来改变对象的运动，并且完成动画的设置，这些动画效果用手动设置关键点的方法是很难实现的，因此使用动画控制器可以快速制作出一些特定的动画效果。

约束也是一种动画控制器，它所控制的是物体和物体之间的动画关系。

本章将介绍动画控制器和约束的相关知识，以使读者可以更快、更好地制作出理想的动画作品。

5.1　动画控制器基础知识

动画控制器是用来控制物体运动规律的功能模块，它能够决定各项动画参数在动画各帧中的数值，以及在整个动画过程中这些参数的变化规律。

当用户每次对场景中的物体做动态设定时，3ds Max 会自动指定一个默认的动画控制器，目标摄影机和目标聚光灯默认的是"注视控制器"，其他物体对象默认的是"位置 XYZ"控制器。同时，在创建或变换一个物体时，系统也会使用变换控制器来放置此物体。

如果希望以默认控制器以外的不同方式来设定动画时，就必须指定不同的控制器。指定动画控制器常用的方法有以下三种：

1. 在"运动"命令面板中指定控制器

在场景中选择要设置动画的模型对象，切换到"运动"命令面板，会发现有一个"指定控制器"卷展栏，在该卷展栏中的"变换"及其子层级（位置、旋转、缩放）中单击任意一个，如选择"位置"，接着单击其上方的"指定控制器"按钮，则打开"指定位置控制器"对话框，对话框中列出了当前可以指定的控制器列表，如图 5.1 所示，从列表中选择一个控制器，单击"确定"按钮后即完成动画控制器的指定工作。

2. 在曲线编辑器中指定控制器

在场景中选择要设置动画的模型对象，先用关键帧动画方法为模型设置一个简单的动画，然后打开"轨迹视图 - 曲线编辑器"窗口，执行"编辑"→"控制器"→"指定"命令，如图 5.2 所示，将打开与图 5.1 同样的"指定位置控制器"对话框，从对话框列表中选择一个控制器，单击"确定"按钮后即完成动画控制器的指定工作。或者在曲线编辑器中选择物体需要控制的曲线项目，右击，在弹出的快捷菜单中执行"指定控制器"命令，也可完成指定工作。

图 5.1　在"运动"命令面板中指定控制器

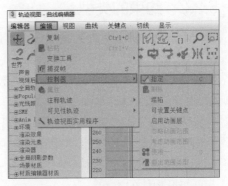

图 5.2　在曲线编辑器中指定控制器

曲线编辑器指定方法比在"运动"命令面板中指定的项目更多一些，有些动画项目控制器的指定只能在曲线编辑器中完成。

3. 在主菜单中指定控制器

在场景中选择要设置动画的模型对象，单击"动画"主菜单，将会发现该菜单下有多种类型的控制器，每一类控制器还有下一级的子菜单，从中选择需要的控制器指定即可，如图 5.3 所示。

在此需要注意的是，通过菜单指定的控制器不会取代之前的控制器，它们会形成列表控制器，同时对物体进行控制。

以上三种方法各有特点，实际制作中可以有选择地使用。在"运动"命令面板中指定比较方便，能够取代原有的动画控制器；在曲线编辑器中可以指定更多的动画控制器项目，比其他两种方法更全面；在主菜单中指定能够形成列表控制器，达到多个控制器共同控制动画对象的目的。

图 5.3　在主菜单中指定控制器

5.2　约束动画

5.2.1　约束的概念

约束也是一种动画控制器，它所控制的是物体和物体之间的动画关系。约束动画在日常生活中是普遍存在的，例如，用眼睛注视物体就是典型的注视约束，用手移动物体就是链接约束等。

约束是实现自动化动画过程的特殊类型控制器，通过与另一个对象的绑定关系，约束可控制对象的位移、旋转和缩放。

约束动画需要一个设置动画的对象及至少一个目标对象，目标对受约束的对象施加了特定的动画限制。例如，如果要设置汽车沿着预定路线运动的动画，场景中至少应该有汽车和运动路径两个对象，然后使用路径约束来限制汽车沿着路径运动的动画。

5.2.2　约束的类型

3ds Max 中提供了 7 种类型的约束：附着约束、曲面约束、路径约束、位置约束、链接约束、注视约束和方向约束，如图 5.4 所示。以下将逐一进行介绍。

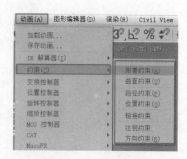

图 5.4　约束的类型

1. 附着约束

附着约束是一种位置约束，将一个对象附着到另一个对象的面上。例如，随着水面漂浮的树叶、随衣服摆动的扣子、卡通角色的眉毛等，它们都属于一个物体附着约束在另一个变形物体的表面。

【例 5.1】附着约束

本例中，一个圆锥体附着约束在一个圆柱体上，随着圆柱体的弯曲而弯曲。效果如图 5.5 所示。

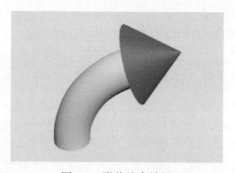

图 5.5　附着约束效果

（1）设置圆柱体动画。

在视图中创建一个圆柱体，在"修改"命令面板中为其施加一个"弯曲"修改器，在动画控制区单击"自动"按钮，为圆柱体录制一段弯曲动画，录制完成后再次单击"自动"按钮结束命令，效果如图 5.6 所示。

（2）为圆锥体添加附着约束。

在视图中创建一个圆锥体，执行"动画"→"附着约束"命令，此时圆锥体上会出现一条虚线橡皮筋，如图 5.7 所示。将虚线移至圆柱体上，单击，单击"确定"按钮后圆锥体即约束到圆柱体上，如图 5.8 所示，只是此时的约束效果并不理想。

（3）调整附着约束。

在"运动"命令面板的"附着参数"卷展栏中单击"设置位置"按钮，在场景中用鼠标将圆锥体拖动至圆柱体上方，释放鼠标，如图 5.9 所示。

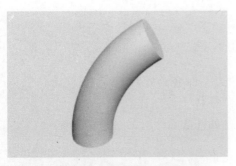

图 5.6　圆柱体弯曲动画

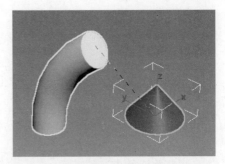

图 5.7　将圆锥体附着约束到圆柱体

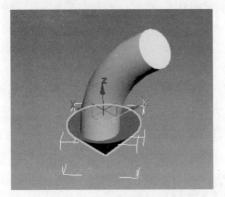

图 5.8　附着约束初步效果

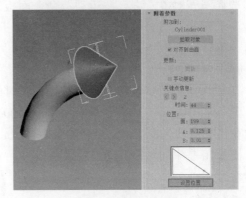

图 5.9　设置附着位置

播放动画，会发现圆锥体已附着在圆柱体上，随着圆柱体的变形而变形。图 5.5 是中间某帧的动画效果。

2. 曲面约束

曲面约束能在约束的表面上定位另一个对象，换言之，就是一个物体能够在另一个物体的表面滑行。

能作为曲面约束的对象类型是有限制的，要求它们的表面必须能用参数表示，如球体、圆锥体、圆柱体、圆环、单个四边形面片、放样对象和 NURBS 对象等。

【例 5.2】曲面约束

本例中，将一个茶壶用"曲面约束"命令约束在圆柱体的圆柱面上，茶壶将沿着圆柱面从上往下进行运动，效果如图 5.10 所示。

图 5.10　曲面约束效果

（1）创建模型。

在透视图中创建一个圆柱体和一个茶壶。

（2）设置曲面约束。

选择茶壶对象，执行"动画"→"曲面约束"命令，此时茶壶上会出现一条虚线橡皮筋，将虚线移至圆柱体上，单击，单击"确定"按钮后茶壶即约束到圆柱体上，如图 5.11 所示，只是此时的约束效果并不理想。

（3）调整曲面约束。

选择茶壶对象，进入"运动"命令面板，在"曲面控制器参数"卷展栏中选择"对齐到 U"单选按钮，勾选"翻转"复选框，茶壶位置如图 5.12 所示。

图 5.11　曲面约束

（4）录制动画。

在动画控制区单击"自动"按钮，将时间滑块拖动至第 100 帧，在"曲面控制器参数"卷展栏中设置"U 向位置"参数为 100，"V 向位置"参数为 100，如图 5.13 所示。再次单击"自动"按钮，结束动画录制，播放动画，会发现茶壶沿着圆柱曲面从上往下运动，图 5.10 是中间某帧的动画效果。

图 5.12　调整曲面约束

图 5.13　设置曲面约束参数

曲面约束主要参数含义如下。

（1）U 向位置：调整控制对象在曲面对象 U 坐标轴上的位置。

（2）V 向位置：调整控制对象在曲面对象 V 坐标轴上的位置。

（3）不对齐：启用此选项后，不管控制对象在曲面对象上的什么位置，它都不会重定向。

（4）对齐到 U：将控制对象的局部 Z 轴对齐到曲面对象的曲面法线，将 X 轴对齐到曲面对象的 U 轴。

（5）对齐到 V：将控制对象的局部 Z 轴对齐到曲面对象的曲面法线，将 X 轴对齐到曲面对象的 V 轴。

（6）翻转：控制对象局部 Z 轴的对齐方式。

3. 路径约束

使用路径约束可以让物体沿着一定的路径移动，而不需要使用变换工具和动画按钮。路径约束可以使一个物体沿一条曲线或多条曲线的平均位置移动。路径可以是各种类型的样条曲线，另外在约束物体运动的同时，路径曲线自身也可以被指定移动、旋转、缩放等变换动画。

路径约束使用方式简单、方便，常用于控制汽车的前进路线、行星的运动轨迹、物体下落的路径、船的航线等。

路径约束操作步骤如下：

（1）在场景中创建路径和物体。

（2）为物体指定路径约束。

（3）设定路径约束的相关参数。

【例5.3】路径约束

本例中，将一个茶壶约束到一条螺旋线路径上，播放动画后，茶壶将沿着螺旋线进行运动，效果如图5.14所示。

图5.14 路径约束效果

（1）创建模型。

在视图中创建一个茶壶和一条螺旋线，螺旋线参数如图5.15所示。

（2）设置路径约束。

选择茶壶对象，执行"动画"→"路径约束"命令，此时茶壶上会出现一条虚线橡皮筋，将虚线移至螺旋线上，单击，单击"确定"按钮后茶壶即约束到了螺旋线上，如图5.16所示。

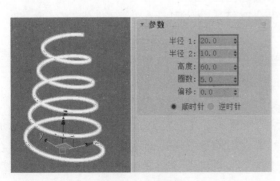

图5.15 创建模型

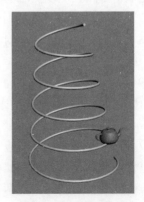

图5.16 路径约束

（3）调整路径约束。

选择茶壶对象，在"运动"面板的"路径参数"卷展栏下勾选"跟随""倾斜"复选框，设置"倾斜量"为0.1，如图5.17所示。

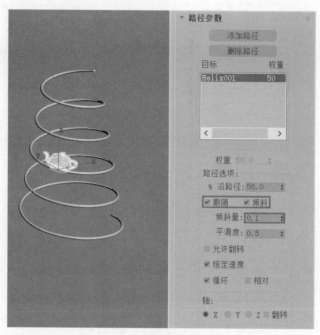

图 5.17　调整路径约束

播放动画，会发现茶壶的运动更加自然。

路径约束的主要参数含义如下。

（1）跟随：在对象跟随轮廓运动的同时将对象指定给路径。

（2）倾斜：当对象通过样条线的曲线时允许对象倾斜。

（3）倾斜量：可以调整对象倾斜的程度。

（4）平滑度：控制对象在经过路径转弯时翻转角度改变的快慢程度。

（5）允许翻转：启用此选项可避免在对象沿着垂直方向的路径行进时有翻转的情况。

（6）恒定速度：沿着路径提供一个恒定的速度。不勾选该复选框时，对象沿路径的速度变化依赖于路径上顶点之间的距离。

（7）循环：当约束对象到达路径末端时会循环回到起始点。

（8）相对：启用此选项时，对象沿着路径运动的同时有一个偏移距离，这个距离基于它的原始世界空间位置。

（9）轴：定义对象的轴与路径轨迹对齐。

（10）翻转：启用此选项来翻转轴的方向。

4．位置约束

位置约束使对象物体跟随一个对象的位置或者几个对象的权重平均位置运动。动画中，应用位置约束的物体很多，如可伸缩的单筒望远镜、机械伸缩装置、卡通角色的重心等。

位置约束一般会约束在两个或两个以上的目标上，如果仅约束在一个目标上，则不如使用链接工具简单和方便。

【例 5.4】位置约束

本例利用位置约束创建一个卡通人走路的动画，将卡通人的头部用"位置约束"命令约束在两只脚上，从而完成卡通人走路的动画效果，如图 5.18 所示。

图 5.18　位置约束效果

（1）创建模型。

在透视图中创建一个"半径"为 100 的球体，作为卡通人的头；创建一个"半径"为 15 的球体，作为卡通人的眼睛，再复制另一只眼睛；创建一个"半径"为 50 的球体，设置"半球"参数为 0.5，作为卡通人的一只脚；再复制一个球体，作为卡通人的另一只脚。

调整各个球的位置如图 5.18 所示，然后依次选择两只"眼睛"，将其链接在卡通人的"头"上。

（2）设置位置约束。

选择卡通人的头部，执行"动画"→"位置约束"命令，将卡通人的"头"约束在一只"脚"上，这时，"头"整个都放在了这只"脚"上，如图 5.19 所示。

选择卡通人的"头"，进入"运动"命令面板，在"位置约束"卷展栏中单击"添加位置目标"按钮，并勾选"保持初始偏移"复选框，在视图中单击卡通人的另一只"脚"，此时卡通人站好了，如图 5.20 所示。

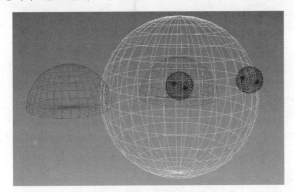

图 5.19　第一次位置约束

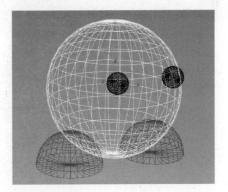

图 5.20　第二次位置约束

（3）录制动画。

选择卡通人的"脚 1"，在动画控制区单击"自动"按钮，在第 10 帧时，将"脚 1"向上移动 20；在第 20 帧时，将"脚 1"在 Y 轴方向移动 –100，效果如图 5.21 所示。

选择卡通人的"脚 2"，在第 30 帧时，将"脚 2"向上移动 20；在第 40 帧时，将"脚 2"

在 Y 轴方向移动 –100，然后将第 0 帧的关键点拖至第 20 帧。

录制完成后，再次在动画控制区单击"自动"按钮结束命令。播放动画，会发现卡通人已能完成一个走路动作的循环。

5. 链接约束

链接约束可以用来创建对象与目标对象之间彼此链接的动画。链接约束在日常生活中也十分常见，例如，将球从一只手传递到另一只手就是一个应用链接约束的例子。

图 5.21　录制"脚 1"动画

下面以一个简易投影仪动画实例来介绍链接约束的应用。

【例 5.5】链接约束

本例中，将投影仪"灯泡"链接约束到"投影仪"模型上，将"投影仪"模型链接约束到"支架"模型上，从而达到"灯泡"跟随"投影仪"旋转，"投影仪"跟随"支架"旋转的动画效果，如图 5.22 所示。

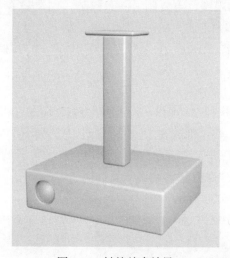

图 5.22　链接约束效果

（1）创建模型。

执行"创建"→"几何体"→"扩展基本体"→"切角长方体"命令，在视图中依次创建三个"切角长方体"，并将其分别命名为"底板""支架""投影仪"，其尺寸如图 5.23 所示。

（a）底板尺寸　　（b）支架尺寸　　（c）投影仪尺寸

图 5.23　切角长方体相关尺寸

执行"创建"→"几何体"→"标准基本体"→"球体"命令，创建一个"半径"为

25 的球体, 命名为"灯泡"。

参照图 5.22, 用"对齐"命令, 调整各对象之间的相对位置。

(2)材质贴图。

打开材质编辑器, 编辑一种塑料材质, 将其指定给底板、支架、投影仪三个对象; 编辑一种玻璃材质, 指定给灯泡对象。

(3)动画制作。

选择"灯泡"对象, 执行"动画"→"链接约束"命令, 将"灯泡"约束在"投影仪"上; 选择"投影仪", 执行"链接约束"命令, 将"投影仪"约束在"支架"上。

选择"投影仪"对象, 在动画控制区单击"自动"按钮, 将时间滑块拖动至第 50 帧, 适当旋转"投影仪"对象; 选择"支架"对象, 在第 100 帧时适当旋转一定角度。

播放动画, 会发现"灯泡"跟随"投影仪"旋转, "投影仪"跟随"支架"旋转, 图 5.22 是第 0 帧时的画面, 图 5.24 是第 100 帧时的画面。

"链接参数"卷展栏如图 5.25 所示, 链接约束的主要参数功能如下。

(1)添加链接: 单击该按钮后, 可为对象添加一个新的链接目标。一个物体可以在不同的时间段由不同的物体控制。这也是"链接约束"和主工具栏中"选择并链接"工具的主要区别。

(2)链接到世界: 取消前面物体对它的链接控制, 物体位置动画恢复自身控制。

(3)删除链接: 链接建立错误时, 可以选择错误的链接项目, 使用该命令将其删除。

图 5.24 第 100 帧时的画面

图 5.25 "链接参数"卷展栏

6. 注视约束

注视约束可以控制动画对象注视着目标物体进行移动, 当目标物体移动时, 动画对象会调整自己的位置、角度进行移动, 以保持注视目标物体的状态。例如, 地面的雷达一直注视着天空中的卫星。

使用该约束时, 一般使用一个"虚拟对象"作为目标物体。虚拟对象是起辅助作用的特殊对象, 在场景渲染后并不出现。目标物体可以是虚拟物体, 也可以是真实物体。

【例5.6】注视约束

本例综合运用了路径约束和注视约束，首先用"路径约束"命令将小球约束在螺旋线1上，将圆片约束在螺旋线2上；然后用"注视约束"命令将圆片约束到小球上，从而实现小球和圆片一边沿着各自路径运动，圆片一边注视小球的动画效果，如图5.26所示。

图5.26 注视约束效果1

（1）创建模型。

执行"创建"→"图形"→"螺旋线"命令，在透视图中创建两条螺旋线，参数分别如图5.27和图5.28所示。

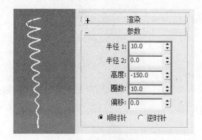

图5.27 创建螺旋线1

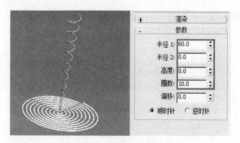

图5.28 创建螺旋线2

将两条螺旋线进行对齐操作，效果如图5.26所示。

执行"圆柱体"命令，在透视图中创建一个圆柱体，其"半径"为20，"高度"为2，"边数"为30，如图5.29所示。

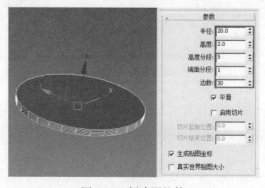

图5.29 创建圆柱体

执行"球体"命令,在透视图中创建一个小球,其"半径"为 5。

模型创建完成后,可酌情修改模型的颜色或给予简单的材质或贴图,在此以颜色区分。

(2)动画设置。

选择小球,执行"动画"→"路径约束"命令,将小球约束到螺旋线 1 上。选择圆片,执行"动画"→"路径约束"命令,将圆片约束到螺旋线 2 上,效果如图 5.30 所示。

选择圆片,在"动画"主菜单中执行"注视约束"命令,将圆片约束到小球上,效果如图 5.31 所示。

 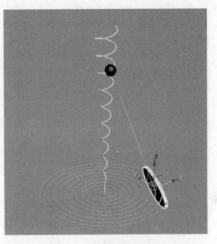

图 5.30 为小球和圆片分别指定路径约束 　　　 图 5.31 注视约束效果 2

此时,单击"播放动画"按钮,将会发现小球和圆片绕着各自的路径进行运动,同时,圆片始终"注视"着小球,会随着小球位置的变化随时调整自己的角度。图 5.26 是中间某帧的动画效果。

"注视约束"卷展栏如图 5.32 所示,其主要参数功能如下。

(1)添加注视目标:用于添加影响约束对象的新目标。

(2)删除注视目标:用于移除影响约束对象的目标对象。

(3)权重:用于为每个目标指定权重值并设置动画,该参数仅在使用多个目标时使用。

(4)保持初始偏移:将约束对象的原始方向保持为相对于约束方向上的一个偏移。

(5)视线长度:定义从约束对象轴到目标对象轴所绘制的视线长度(在多个目标时为平均值)。值为负数时会从约束对象到目标的反方向绘制视线。

其他参数不常用,在此不再赘述。

7. 方向约束

方向约束会使某个对象的方向沿着另一个对象的方向或若干对象的平均方向改变而改变。

图 5.32 "注视约束"卷展栏

方向受约束的对象可以是任何可旋转对象，受约束的对象将从目标对象继承其旋转，一旦约束后，便不能手动旋转该对象，约束的目标对象可以是任意类型的对象，目标对象的旋转会驱动受约束的对象，使其跟随旋转。

以下通过一个折扇打开的实例来介绍方向约束的应用。

【例 5.7】方向约束

本例中，创建折扇扇骨模型，用"方向约束"命令实现模拟扇骨打开的动画效果，如图 5.33 所示。

图 5.33　方向约束效果

（1）创建模型。

执行"创建"→"几何体"→"标准基本体"→"长方体"命令，在前视图中创建一个长方体，设置其"长度"为 100mm，"宽度"为 5mm，"高度"为 0.5mm，如图 5.34 所示。

选择刚创建的长方体，进入"修改"命令面板，在"修改器列表"中执行"编辑网格"命令，进入"顶点"次物体层级，选择长方体下方顶点，对其进行水平缩放，完成扇叶上宽下窄的造型，结束"编辑网格"命令，如图 5.35 所示。

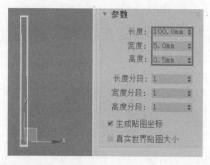

图 5.34　创建长方体

图 5.35　编辑顶点

选择编辑好的长方体，在"层次"命令面板中单击"仅影响轴"按钮，在前视图中将长方体的坐标系统由当前位置移至模型下方，以作为下一步旋转复制时的旋转中心，完成操作后再次单击"仅影响轴"按钮结束该命令。单击标准工具栏上的"选择并旋转"按钮 ，先将长方体大致旋转至如图 5.33 所示的左起第一根扇骨所在的位置，然后配合键盘上的 Shift 键，进行旋转复制，复制数量为 6，复制结果如图 5.36 所示。

（2）材质贴图。

打开材质编辑器，给扇叶指定一幅木纹贴图，渲染效果如图 5.33 所示。

（3）设置方向约束。

在动画制作之前，先分析一下扇子打开的动作：除了首尾两根扇叶之外，中间所有扇叶是随着两端扇叶的旋转运动而打开的，所以中间的所有扇叶都应该约束到第一根和最后一根扇叶上，如图 5.37 所示。

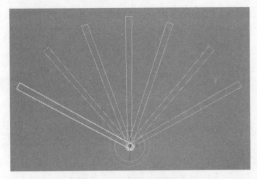

图 5.36 旋转复制扇叶

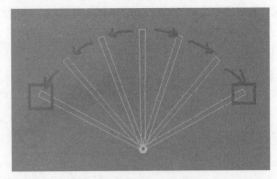

图 5.37 扇子打开示意图

根据以上的动作分析，下面开始制作动画。选择左起第二根扇叶，执行"动画"→"约束"→"方向约束"命令，在出现虚线之后单击第一根扇叶，这时第二根扇叶完全旋转到了第一根扇叶的位置，如图 5.38 所示。

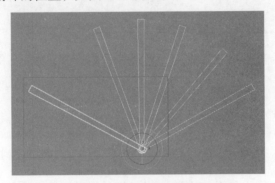

图 5.38 第二根扇叶的初始约束位置

保持对第二根扇叶的选择，进入"运动"命令面板，在"方向约束"卷展栏下单击"添加方向目标"按钮，在视图中单击最后一根扇叶，此时，由于受到首尾两根扇叶的同时约束，第二根扇叶旋转到了约束对象的正中间。在"方向约束"卷展栏下将最后一根扇叶的"权重"调节为 10，第二根扇叶便旋转到了正确的位置，如图 5.39 所示。

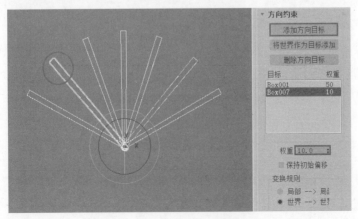

图 5.39 第二根扇叶的正确位置

用同样的方法，将第 3 ～ 6 根扇叶约束到首尾两根扇叶上，并通过调整权重值的方法使中间各扇叶放到各自初始位置上。需要注意的是，当对第 6 根扇叶进行以上操作时，会发现无论如何调整权重值都无法将其约束到相应位置。针对此情况，可在对第 6 根扇叶执行"方向约束"命令时，先选择最后一根扇叶，将其作为方向目标，然后单击右侧命令面板上的"添加方向目标"按钮，再选择第 1 根扇叶，即将首尾扇叶次序进行调整，并通过调整权重值以达到预期目标。

中间所有扇叶的方向约束设置完成后，旋转最后一根扇叶，发现中间的所有扇叶能够自动响应，这说明方向约束设置成功，如图 5.40 所示。

（4）动画制作。

执行"创建"→"辅助对象"→"虚拟对象"命令，在扇子的旋转轴心部分创建一个虚拟对象，单击工具栏上的"选择并链接"按钮，将所有扇叶链接到虚拟对象上，如图 5.41 所示。

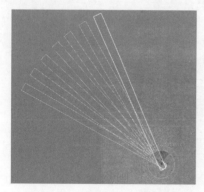 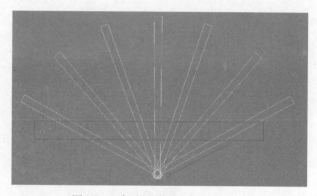

图 5.40　旋转最后一根扇叶　　　　　图 5.41　扇叶链接到虚拟对象

在动画控制区单击"设置关键点"按钮，将时间滑块拖动到第 10 帧，选择最后一根扇叶，单击"设置关键点"图标 + 为其创建关键帧。

将时间滑块拖动到第 0 帧，选择最后一根扇叶，将其旋转到扇子全部合拢的状态，单击"设置关键点"图标 + 为其创建关键帧。

播放动画，扇子打开的动画完成，如图 5.42 所示。

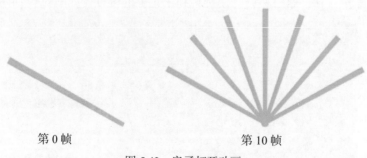

第 0 帧　　　　　　　　　　第 10 帧

图 5.42　扇子打开动画

"方向约束"卷展栏如图 5.43 所示，其主要参数功能如下。

（1）添加方向目标：单击此按钮，可以添加新的方向约束目标对象。

（2）将世界作为目标添加：取消前面物体对它的方向约束控制，物体方向动画恢复自身控制。

（3）删除方向目标：链接建立错误时，可以选择错误的链接项目，使用该命令将其删除。

（4）权重：当有多个方向约束目标对象时，可以设置所选方向约束目标对象的权重值。该数值越大，目标对象对受约束对象的控制力越强，反之亦然。

图 5.43　"方向约束"卷展栏

5.3　常用动画控制器

3ds Max 中的动画控制器主要包括变换控制器、位置控制器、旋转控制器和缩放控制器这四大类。每一类中少则几种，多则一二十种具体的控制器。本节介绍的是应用最为广泛的几种动画控制器。

5.3.1　"路径约束"控制器

"路径约束"控制器与 5.2 节中"路径约束"功能完全相同，只是操作方法有所不同。"路径约束"命令只能通过"动画"主菜单来指定；而"路径约束"控制器则可以通过 5.1 节中所述的三种方法来指定。以下将通过一个实例，介绍"路径约束"控制器的应用。

【例 5.8】过山车

本例中，通过创建一条路径曲线和一个简易小车模型，给小车模型施加"路径约束"控制器并进行参数调整，即可达到过山车效果，如图 5.44 所示。

图 5.44　过山车效果

（1）模型创建。

① 创建轨道模型。

执行"创建"→"图形"→"圆"命令，在前视图中创建一个圆，设置其"半径"为 40；执行"矩形"命令，在前视图中创建一个矩形，设置其"长度"为 15，"宽度"为 2，如图 5.45 所示。

选择刚创建的圆，执行"创建"→"几何体"→"复合对象"→"放样"命令，在"创建方法"卷展栏中单击"获取图形"按钮，在前视图中拾取"矩形"，则放样生成过山车轨道模型，如图 5.46 所示。

② 创建小车模型。

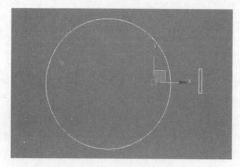

图 5.45　创建圆和矩形

图 5.46　放样生成过山车轨道模型

利用"线"和"圆"命令，创建如图 5.47 所示的简易小车模型轮廓。将以上二维图形全部选中，在"修改"命令面板中施加"挤出"修改器，设置"数量"为 10，挤出效果如图 5.48 所示。

图 5.47　创建简易小车模型轮廓

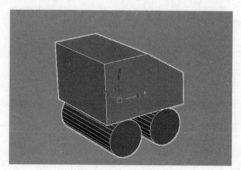

图 5.48　小车模型

（2）材质贴图。

打开材质编辑器，选择 3 个样本球，分别命名为"轨道材质""小车车身材质""小车车轮材质"。轨道材质设置为"金属"类型，车身和车轮材质设置为"塑胶"类型，适当调整材质参数，样本球如图 5.49 所示。将材质分别指定给相应模型，渲染后的效果如图 5.50 所示。

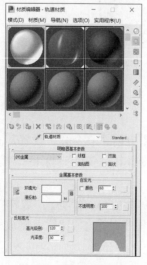

图 5.49　编辑模型材质

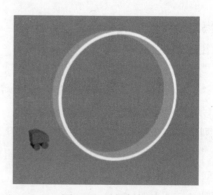

图 5.50　材质效果

（3）动画制作。

选择小车车身和两个车轮，将其成组，命名为"小车"。选择小车，在"运动"命令面板中，在"指定控制器"卷展栏中为小车指定"路径约束"控制器，操作步骤如图5.51所示，单击"确定"按钮之后，在下方的"路径参数"卷展栏中单击"添加路径"按钮，在场景中拾取轨道的路径曲线，此时小车即自动跳到轨道的起始点，如图5.52所示。

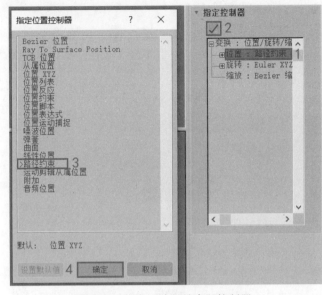

图5.51 指定"路径约束"控制器

图5.52 添加"路径约束"控制器效果

此时会发现，小车的坐标中心在轨道上，因此，可在"层次"命令面板中单击"仅影响轴"按钮，将坐标中心移至小车底部，再次单击"仅影响轴"按钮，退出"层次"命令面板。

然后在"运动"命令面板的"路径参数"卷展栏中调整相关参数，如图5.53所示，使小车的运动更加符合实际情况。

单击"播放动画"按钮，即可看到过山车的运动效果。

（4）渲染输出。

按照"2.2 参数动画"中的方法，对动画进行渲染输出，保存为AVI格式的文件。

5.3.2 "噪波位置"控制器

噪波控制器包括"噪波位置""噪波旋转""噪波缩放"等控制器，它们可以随机变换物体的位置、旋转、缩放等状态。其中，最常用的是"噪波位置"控制器，它可以控制物体的位置，给动画对象施加该控制器后，会弹出一个如图5.54所示的对话框，其各参数功能如下。

（1）种子：指种子随机数，是噪波的随机因素。

（2）频率：噪波浮动的快慢节奏。

（3）X/Y/Z向强度：X/Y/Z轴向噪波浮动的大小。

图5.53 调整路径参数

（4）分形噪波：勾选该复选框后，噪波更加粗糙。

（5）粗糙度：噪波的粗糙度。

（6）渐入/渐出：渐变进入或渐变退出的时间帧数。

以下通过一个实例介绍"噪波位置"控制器的应用。

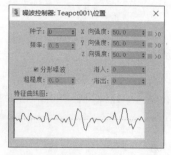

图 5.54　"噪波位置"控制器参数

【例 5.9】旋转的陀螺

本例中，创建陀螺模型后，通过设置关键帧的方法实现陀螺的旋转动画，通过给陀螺指定"噪波位置"控制器实现陀螺的摆动动画，效果如图 5.55 所示。

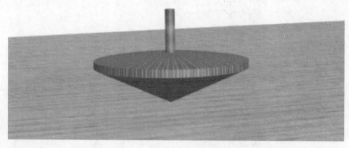

图 5.55　旋转的陀螺

（1）模型创建。

① 陀螺模型。

执行"创建"→"几何体"→"扩展基本体"→"油罐"命令，在透视图中创建一个油罐体，设置其"半径"为100，"高度"为30，"封口高度"为10，"边数"为50，如图 5.56 所示。

执行"创建"→"几何体"→"标准基本体"→"圆锥体"命令，在透视图中创建一个圆锥体，设置其"半径 1"为100，"半径 2"为0，"高度"为-50，"边数"为50，如图 5.57 所示。

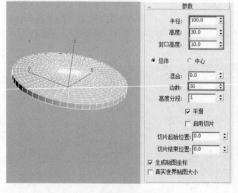

图 5.56　创建油罐模型

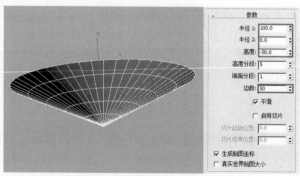

图 5.57　创建圆锥体

将圆锥体和油罐体进行中心对齐，上下方向对齐状态如图 5.58 所示。

选择油罐体，执行"创建"→"几何体"→"复合对象"→"布尔"命令，在"操作"选项组中选择"并集"单选按钮，然后单击"拾取操作对象 B"按钮，在视图中拾取圆锥体，完成布尔运算并集操作，如图 5.59 所示，两个模型即被并为一个整体。

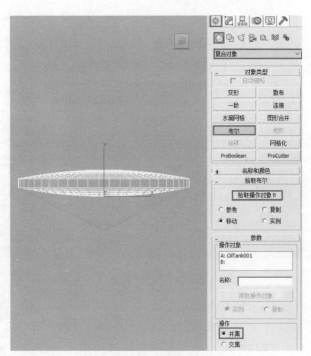

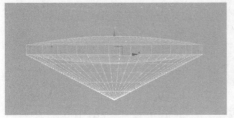

图 5.58　对齐油罐与圆锥体　　　　　　　　图 5.59　布尔运算并集

选择布尔运算后的模型对象，在"修改"命令面板的"修改器列表"中选择"编辑网格"修改器，展开修改器，进入"多边形"次物体层级，在视图中选择模型上方的部分多边形，如图 5.60 所示；接着在"编辑几何体"卷展栏下的"挤出"按钮后的文本框中输入 60，单击"挤出"按钮，所选的多边形即被挤出，如图 5.61 所示，陀螺模型创建完成。

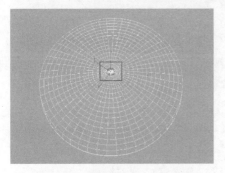

图 5.60　选择上方部分多边形

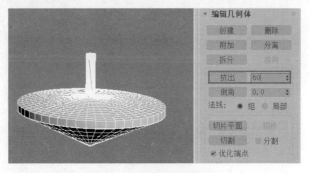

图 5.61　挤出所选多边形

② 桌面模型。

执行"创建"→"几何体"→"标准基本体"→"平面"命令，创建一个平面，放置在陀螺下方，作为桌面。

（2）材质贴图。

① 陀螺材质。

打开材质编辑器，选择一个空白样本球，命名为"陀螺材质"，在"漫反射"贴图通道为陀螺选择一幅彩虹贴图。若贴图效果不满意，则可为陀螺模型施加一个"UVW 贴图"修改器，选择"面"贴图模式，如图 5.62 所示。

② 桌面材质。

在材质编辑器中选择另一个空白样本球，命名为"桌面材质"，在"漫反射"贴图通道为桌面选择一幅木纹贴图，效果如图 5.63 所示。

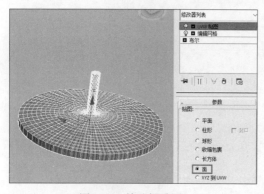

图 5.62　给陀螺贴图

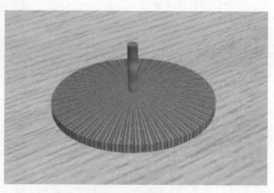

图 5.63　材质效果

（3）动画设置。

① 陀螺旋转动画。

选择陀螺模型，在动画控制区单击"自动"按钮，将时间滑块拖至第 100 帧，利用"选择并旋转"工具将陀螺绕 Z 轴旋转 3600°。

打开曲线编辑器，可看到陀螺的 Z 轴旋转曲线如图 5.64 所示。

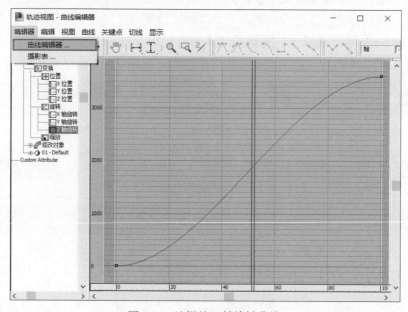

图 5.64　陀螺的 Z 轴旋转曲线

为了更好地模拟陀螺的旋转状态，需要适当调整曲线的形态。在"轨迹视图 - 曲线编辑器"窗口中选择第 0 帧的小方块，然后在工具栏中单击"将切线设置为快速"按钮；同样，选择第 100 帧的小方块，在工具栏中单击"将切线设置为慢速"按钮，会发现曲线形态发生了变化，如图 5.65 所示，通过此方法来模拟陀螺在旋转开始时速度较快而结束时速度渐慢的运动过程。

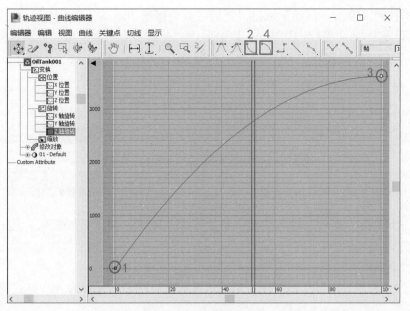

图 5.65 调整曲线形态

此时，单击"播放动画"按钮，将会发现，陀螺在原位进行旋转运动。为了模拟陀螺一边旋转一边摆动的运动状态，还需对其施加一个"噪波位置"控制器。

② 陀螺摆动动画。

选择陀螺模型，在"运动"命令面板的"指定控制器"卷展栏中单击"位置：位置XYZ"，接着单击"指定控制器"按钮，在打开的"指定位置控制器"对话框中选择"噪波位置"，如图 5.66 所示，单击"确定"按钮后将打开"噪波控制器：OilTank001\ 位置"对话框。

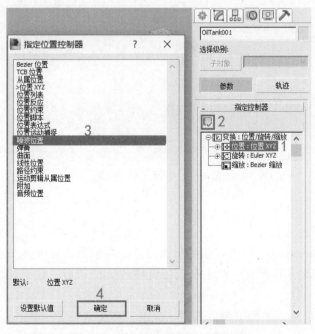

图 5.66 添加"噪波位置"控制器

在动画控制区单击"自动"按钮，开始录制陀螺摆动动画。第 0 帧时，设置"X 向强度""Y 向强度""Z 向强度"均为 0，取消勾选"分形噪波"复选框，如图 5.67 所示；第 100 帧时，设置"X 向强度""Y 向强度"均为 50，"Z 向强度"为 0，如图 5.68 所示。

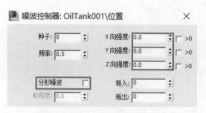

图 5.67　第 0 帧时噪波参数

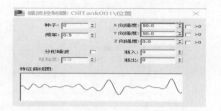

图 5.68　第 100 帧时噪波参数

此时，再单击"播放动画"按钮，将会发现，陀螺一边绕 Z 轴旋转一边在水平面内摆动。

（4）渲染输出。

按照"2.2 参数动画"中的方法，对动画进行渲染输出，保存为 AVI 格式的文件。

5.3.3　"位置列表"控制器

"位置列表"控制器并不是一个真正的动画控制器，它的作用是结合两个或两个以上的控制器，按从上到下的排列顺序进行计算，对动画对象产生组合控制效果。

【例 5.10】卡通人跑步

本例将以一个卡通人跑步为例，介绍如何应用"位置列表"控制器将"路径约束"控制器和"噪波位置"控制器进行组合，从而实现卡通人一边跑一边跳的动画效果，如图 5.69 所示。

图 5.69　卡通人跑步效果

（1）模型创建。

①卡通人模型。

利用基本体中的球体、圆柱体和切角长方体分别创建卡通小人的头部、四肢和躯干部位，具体参数如表 5.1 所示，创建完成后调整各部位位置，使之协调，效果如图 5.70 所示。

然后将组成卡通小人的模型全部选中，成组，并在"层次"命令面板中单击"仅影响轴"按钮，将卡通小人的坐标中心移至底部，再次单击"仅影响轴"按钮结束命令。

表 5.1　卡通人创建参数

名　称	命　令	参　数	数　量
头部	球体	半径为 15，分段为 32	1
眼睛	球体	半径为 5，分段为 32	2
躯干	切角长方体	长为 20，宽为 10，高为 30，圆角为 5，分段均为 5	1
胳膊	圆柱体	半径为 2.5，高度为 15	2
腿	圆柱体	半径为 3，高度为 20	2

② 操场模型。

执行"椭圆"命令，在顶视图中创建一个适当大小的椭圆，然后为其施加"编辑样条线"修改器，在"修改器"列表中展开"可编辑样条线"次物体层级，进入"样条线"次层级，在其下方的"几何体"卷展栏中"轮廓"按钮后的文本框中输入 20，即偏移生成一个新的椭圆样条，用同样的方法重复五六次，生成一系列同心椭圆，效果如图 5.71 所示。

图 5.70　卡通小人模型

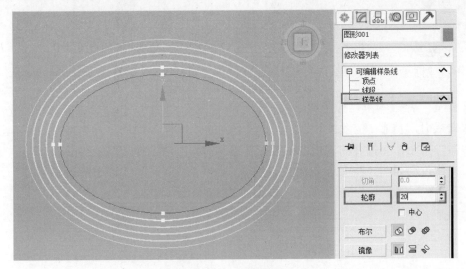

图 5.71　操场模型

然后再在"几何体"卷展栏中执行"分离"命令，分离的同时进行复制，将分离出的中心椭圆进行"挤出"，形成操场中心的草地部分；将分离出的最大椭圆进行"挤出"，形成跑道部分；将作为"草地"的椭圆面垂直向上稍加移动，以遮盖住"跑道"椭圆面。

（2）材质贴图。

① 卡通人材质。

本例中主要用不同颜色来区分卡通小人的不同部位，读者也可自行赋予相应的材质和贴图。

② 操场材质。

为草地部分指定一幅草地贴图；为跑道部分指定一幅塑胶跑道贴图；选择同心椭圆部分，将其修改为白色。渲染效果如图 5.72 所示。

（3）动画设置。

① 指定"位置列表"控制器。

选择卡通小人，切换到"运动"命令面板，单击"指定控制器"卷展栏下的"位置：
位置 XYZ"，然后单击"指定控制器"按钮，在打开的"指定位置控制器"对话框中选择
"位置列表"，单击"确定"按钮，操作过程如图 5.73 所示。

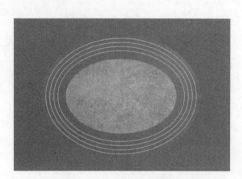

图 5.72　操场材质效果

图 5.73　指定"位置列表"控制器

② 指定"路径约束"控制器。

接着展开"位置：位置列表"，单击其下方的"位置 XYZ：位置 XYZ"，再单击"指
定控制器"按钮，在打开的"指定位置控制器"对话框中选择"路径约束"，单击"确定"
按钮，操作过程如图 5.74 所示。

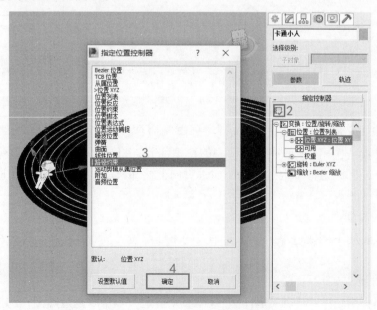

图 5.74　指定"路径约束"控制器

单击"确定"按钮后，命令面板下方出现"路径参数"卷展栏，展开后，单击"添加路径"按钮，在场景中选择"路径"对象，卡通小人即自动跳转到路径上，此时单击"播放动画"按钮，将会看到卡通小人在绕着路径运动，但运动方向和速度等参数并不理想，因此，在"路径参数"卷展栏下方对框出部分的参数进行适当调整，如图5.75所示，以达到满意为止。

通过"路径约束"控制器较好地模拟了卡通小人跑步的过程，但为了使模拟过程更加逼真，可再施加一个"噪波位置"控制器。

③指定"噪波位置"控制器。

展开"位置：位置列表"，单击其下方的"可用"，再单击"指定控制器"按钮，在打开的"指定位置控制器"对话框中选择"噪波位置"，单击"确定"按钮，操作过程如图5.76所示。

图5.75 调整路径参数

图5.76 指定"噪波位置"控制器

单击"确定"按钮后，将打开一个"噪波控制器：卡通小人\噪波位置"对话框，在该对话框中，将"X向强度"和"Y向强度"均设置为0，将"Z向强度"设置为20，且勾选">0"复选框，取消勾选"分形噪波"复选框，如图5.77所示，最后关闭对话框。

此时，卡通小人的运动即为"路径约束"和"噪波位置"的复合运动，即一边向前跑一边向上跳跃，模拟效果将更加真实。

（4）渲染输出。

按照"2.2参数动画"中的方法，对动画进行渲染输出，保存为AVI格式的文件。

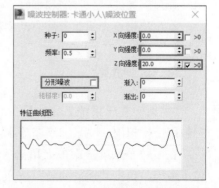

图5.77 "噪波位置"控制器参数

第 6 章

粒子系统动画

粒子系统是一种功能非常强大的动画制作工具，通过粒子系统可以设置密集对象群的运动效果，也可以制作云、雨、风、火、烟雾、暴风雪及爆炸等动画效果。在使用粒子系统的过程中，粒子的速度、寿命、形态及繁殖等参数可以随时进行设置，并可以与空间扭曲相配合，制作逼真的碰撞、反弹、飘散等效果。粒子流源可以可视化地创建和编辑事件，而每个事件都可以为粒子指定不同的属性和行为，从而制作更加复杂的粒子效果。

在 3ds Max 2020 中，如果按粒子的类型来分，可以将粒子分为事件驱动型粒子和非事件驱动型粒子两大类。事件驱动型粒子又称为粒子流源，它可以测试粒子属性，并根据测试结果将其发送给不同的事件；非事件驱动型粒子通常在动画过程中显示一致的属性。

在"创建"命令面板中单击"几何体"按钮，在下拉列表中选择"粒子系统"，进入"粒子系统"面板，如图 6.1 所示。

3ds Max 2020 中包含 7 种粒子，分别为"粒子流源""喷射""雪""超级喷射""暴风雪""粒子阵列"和"粒子云"。其中，"粒子流源"就是

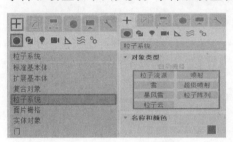

图 6.1 "粒子系统"面板

所谓的事件驱动型粒子，其余 6 种粒子属于非事件驱动型粒子。

在使用 3ds Max 粒子系统时，首先需确定系统要生成的动画效果。通常情况下，对于简单动画，例如下雪或喷泉，使用非事件驱动型粒子系统制作相对简便快捷；对于较复杂的动画，例如破碎、火焰和烟雾，使用事件驱动型粒子系统则可以获得最佳的动画效果。

本章将重点介绍非事件驱动型粒子系统的相关知识。

6.1 喷射

"喷射"粒子系统是参数最少的粒子系统，代表粒子系统最基础的参数特征。"喷射"一般用于模拟雨、喷泉、瀑布等水滴效果，也可以表现彗星拖尾效果。

在"粒子系统"面板上单击"喷射"按钮，在顶视图中拖拉鼠标，创建一个"喷射"粒子系统，单击"播放动画"按钮，即可看到默认的粒子发射效果。

"喷射"粒子系统的"参数"卷展栏如图 6.2 所示，其参数含义如下。

（1）视口计数：视图窗口中显示粒子数量的多少。不管真正粒子有多少，视口计数决定了在视图窗口中粒子的显示数量，该参数是为了加快粒子显示速度而设计的。

（2）渲染计数：最终渲染时，真正粒子数量的多少。

（3）水滴大小：单个粒子的尺寸大小。

（4）速度：粒子发射时的速度。

（5）变化：粒子发射方向和速度的变化值。增大该数值后，粒子会边发射边散开。

（6）水滴、圆点、十字叉：粒子在视图中显示的形状，不代表渲染时的真正形状。

（7）四面体、面：粒子渲染时真正的形状。

（8）开始：粒子发射开始时间（帧），可以从负数开始。

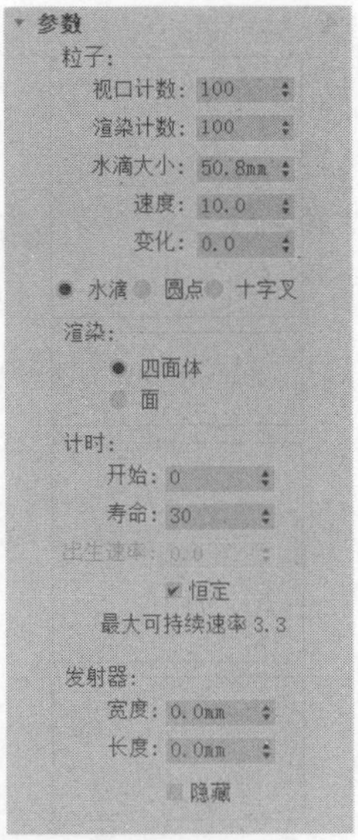

图6.2　"喷射"粒子系统的"参数"卷展栏

（9）寿命：粒子存活的时间（帧）。默认粒子存活30帧。

（10）发射器：可以设置发射器的长度和宽度。通过对这两个尺寸的修改，可以使粒子从一个点、一条线或一个面进行发射。默认发射器是可见的，如果勾选"隐藏"复选框，则粒子发射器不可见。

【例6.1】下雨效果

本例中，用"喷射"粒子系统创建雨滴模型，修改参数并赋予相应材质，下雨效果如图6.3所示。

图6.3　下雨效果

（1）模型创建。

执行"创建"→"几何体"→"粒子系统"→"喷射"命令，在顶视图中拖拉出一个"喷射"粒子发射器，设置其参数如图6.4所示，完成模型创建。

（2）材质贴图。

① 雨滴材质。

打开材质编辑器，选择一个样本球，命名为"雨滴材质"，单击"环境光"后面的色

块，在打开的"颜色选择器：环境光颜色"对话框中，将"亮度"设置为255，如图6.5
和图6.6所示。用同样的方法，勾选"自发光"选项组下的"颜色"复选框，将自发光颜
色亮度设置为255。单击"不透明度"后的小按钮，在弹出的对话框中选择"渐变"贴
图，并设置渐变参数，将"颜色#2"的亮度设置为40，在"渐变类型"中选择"径向"
单选按钮，如图6.7所示。将编辑好的雨滴材质指定给"喷射"对象。

图6.4 创建"喷射"粒子系统

图6.5 编辑雨滴材质

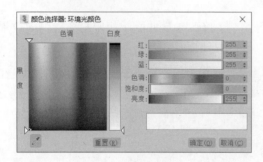

图6.6 环境光颜色

图6.7 设置渐变参数

② 背景贴图。

执行"渲染"→"环境"命令，打开"环境和效果"对话框，勾选"使用贴图"复选
框，单击下方的长条按钮，选择一幅图片作为背景贴图，
如图6.8所示。

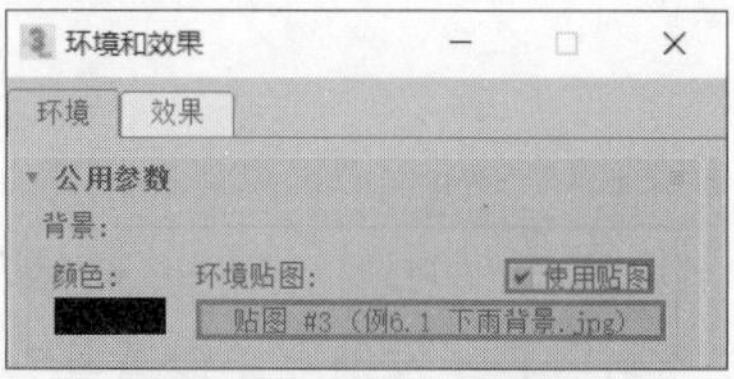

打开材质编辑器，在"环境和效果"对话框中，按
住鼠标，将长条按钮上的贴图拖动至材质编辑器中的一
个空白样本球上，在下方的"坐标"卷展栏中选择贴图
类型为"屏幕"，如图6.9所示。

图6.8 指定环境贴图

（3）渲染输出。

单击"动画播放"按钮，会看到下雨效果，在中间一帧进行渲染，静态效果如图6.3
所示。按照"2.2 参数动画"中的方法，对动画进行渲染输出，保存为AVI格式的文件。

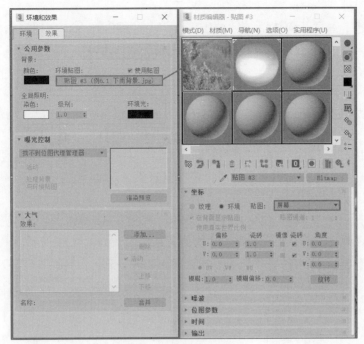

图 6.9　设置背景贴图

6.2　雪

"雪"粒子系统不仅可以用来模拟下雪，还可以结合材质产生五彩缤纷的碎片下落效果，常用来增添节日的喜庆气氛。如果将粒子向上发射，还可以表现从火中升起的火星效果。

"雪"粒子系统和"喷射"粒子系统参数非常相似，只是比"喷射"粒子系统多了粒子翻滚功能和六角形、三角形渲染形状。"喷射"和"雪"粒子系统为基础粒子系统，与其他粒子系统相比，它们可设置的参数较少，只能使用有限的粒子形态，无法实现粒子爆炸、繁殖等特殊运动效果，但其操作较为简单，通常用于对质量要求不高的动画设置。

【例 6.2】下雪效果

本例中，创建"雪"粒子系统模拟雪花效果，修改参数并赋予相应材质，下雪效果如图 6.10 所示。

图 6.10　下雪效果

（1）模型创建。

执行"创建"→"几何体"→"粒子系统"→"雪"命令，在顶视图中拖拉出一个"雪"粒子发射器，修改参数如图 6.11 所示，完成模型创建。

（2）材质贴图。

①"雪"粒子材质。

打开材质编辑器，选择一个样本球，命名为"雪粒子材质"，设置漫反射颜色为白色，"自发光"选项组下的"颜色"数值设置为 100，单击"不透明度"后的小按钮，在弹出的对话框中选择"渐变"贴图，在"渐变类型"中选择"径向"单选按钮，如图 6.12 和图 6.13 所示。将编辑好的雪粒子材质指定给雪对象。

②背景贴图。

执行"渲染"→"环境"命令，打开"环境和效果"对话框，勾选"使用贴图"复选框，单击下方的长条按钮，选择一幅图片作为背景贴图，如图 6.14 所示。

图 6.11　创建"雪"粒子系统

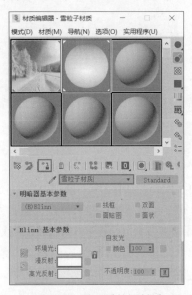

图 6.12　设置雪粒子材质

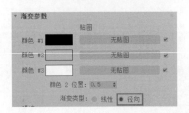

图 6.13　设置渐变参数

图 6.14　指定环境贴图

打开材质编辑器，在"环境和效果"对话框中，按住鼠标，将长条按钮上的贴图拖动至材质编辑器中的一个空白样本球上，在下方的"坐标"卷展栏中选择贴图类型为"屏幕"，如图 6.15 所示。

（3）渲染输出。

单击"动画播放"按钮，会看到下雪效果，在中间一帧进行渲染，静态效果如图 6.10 所示。按照"2.2 参数动画"中的方法，对动画进行渲染输出，保存为 AVI 格式的文件。

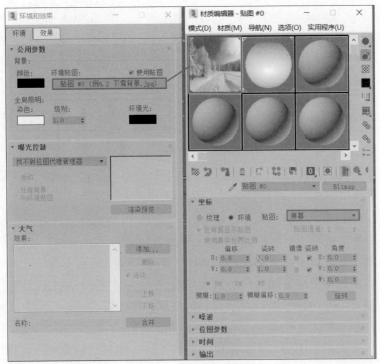

图 6.15 设置环境贴图

6.3 超级喷射

"超级喷射"是"喷射"的增强版本，它是以一个点为基点进行发射的。"超级喷射"可以对发射方向数值进行修改，得到冲击波状粒子发射的效果。"超级喷射"粒子系统常用于喷泉、礼花、火焰等动画效果。

执行"创建"→"几何体"→"粒子系统"→"超级喷射"命令，在视图中按住鼠标，拖拉出一个"超级喷射"粒子系统的图标，其参数面板如图 6.16 所示。可以看出，"超级喷射"共包括 9 个参数卷展栏，分别为"名称和颜色""基本参数""粒子生成""粒子类型""旋转和碰撞""对象运动继承""气泡运动""粒子繁殖""加载 / 保存预设"，每个卷展栏中又有众多参数，下面将重点介绍常用的参数。

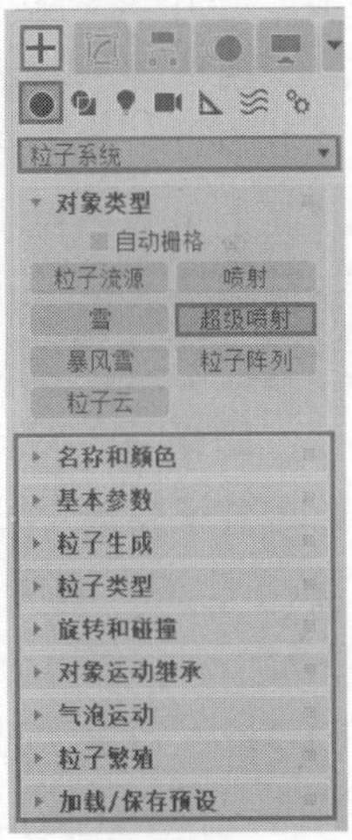

图 6.16 "超级喷射"参数面板

1. "名称和颜色"卷展栏

"名称和颜色"卷展栏中包括两个参数：超级喷射的名称和颜色，如图 6.17 所示。在文本框中双击可修改超级喷射的名称；单击色块，在打开的"对象颜色"对话框中可修改超级喷射的颜色。

2. "基本参数"卷展栏

"基本参数"卷展栏如图 6.18 所示，它主要用于设置粒子分布、显示图标和视口显示的相关参数。

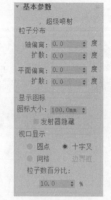

图 6.17 "名称和颜色"卷展栏   图 6.18 "基本参数"卷展栏

1）"粒子分布"选项组

（1）轴偏离：发射粒子与 Z 轴的偏离角度。

（2）扩散：发射粒子在 Z 轴方向的扩散角度。

（3）平面偏离：发射粒子影响围绕 Z 轴的发射角度。如果"轴偏离"设置为 0，则此选项无效。

（4）扩散：发射粒子围绕"平面偏离"轴的扩散。如果"轴偏离"设置为 0，则此选项无效。

2）"显示图标"选项组

（1）图标大小：用于调整粒子系统图标的大小。

（2）发射器隐藏：勾选此复选框后，可将发射器图标隐藏起来。

3）"视口显示"选项组

（1）圆点：粒子在视口中显示为圆点。

（2）十字叉：粒子在视口中显示为十字叉。

（3）网格：粒子在视口中显示为实体模型。

（4）粒子数百分比：以渲染粒子数百分比的形式指定视图中显示的粒子数，默认设置为 10%。如果需要看到最终粒子数量，建议修改为 100%。

3. "粒子生成"卷展栏

"粒子生成"卷展栏可以控制粒子产生的时间和速度、粒子的移动方向以及不同时间粒子的大小，如图 6.19 所示。

1）"粒子数量"选项组

提供了粒子生成的两种方式："使用速率"和"使用总数"。

（1）使用速率：可以设置每帧产生的粒子数。

（2）使用总数：设置在系统使用寿命内产生的粒子总数。

2）"粒子运动"选项组

（1）速度：粒子出生时的速度，以每帧移动的单位计数。

（2）变化：对粒子的发射速度赋予一定的速度变化。

3）"粒子计时"选项组

（1）发射开始：设置粒子开始在场景中出现的帧，可以是负值。

（2）发射停止：设置粒子发射的最后一帧。

（3）显示时限：设置所有粒子消失的帧。默认是 100 帧，通常需要将显示时限修改为动画时间的总帧数。

（4）寿命：粒子出生后到死亡的时间帧数。

（5）变化：为粒子的寿命赋予一定的上下偏差。

（6）子帧采样：通过以较高的帧分辨率对粒子采样，提高渲染质量。

4）"粒子大小"选项组

（1）大小：指定系统中所有粒子的大小。

（2）变化：对粒子的大小赋予一定的变化。

（3）增长耗时：粒子从产生到增长到设置的大小值时所经历的帧数。

（4）衰减耗时：粒子在消失前缩小到设置的大小值的 1/10 所经历的帧数。

5）"唯一性"选项组

（1）新建：随机生成新的种子值。

（2）种子：设置特定的种子值。

4. "粒子类型"卷展栏

"粒子类型"卷展栏如图 6.20 所示，该卷展栏中的参数可以控制粒子类型、贴图类型等。

图 6.19　"粒子生成"卷展栏

图 6.20　"粒子类型"卷展栏

1）"粒子类型"选项组

（1）标准粒子：使用多种标准粒子类型中的一种，例如三角形、立方体、四面体等。

（2）变形球粒子：类似于水滴，粒子之间有张力，能够自由融合。它可以理解为模拟液态水的粒子效果。

（3）实例几何体：任意几何体都能被当成替身，由粒子发射出来。实体几何体粒子对创建人群、生物群或非常细致的对象流非常有效。

2）"标准粒子"选项组

"标准粒子"选项组提供了三角形、立方体、特殊、面、恒定等8种几何物体作为粒子。

3）"变形球粒子参数"选项组

（1）张力：设置相关粒子与其他粒子混合倾向的紧密度。张力越大，聚集越难，合并也越难。

（2）变化：设置张力效果的百分比。

（3）计算粗糙度：设置计算变形球粒子的精确程度。

（4）渲染：设置渲染场景中变形球粒子的粗糙度。

（5）视口：设置视图显示的粗糙度。

（6）自动粗糙：启用该选项，会根据粒子大小自动设置渲染粗糙度，视图粗糙度会设置为渲染粗糙度的两倍。

（7）一个相连的水滴：如果禁用该选项，将计算所有粒子；如果启用该选项，仅计算和显示彼此相连或邻近的粒子。

4）"实例参数"选项组

（1）"拾取对象"按钮：单击此按钮，可以拾取视图中的模型作为粒子使用。

（2）且使用子树：启用该选项，可以将拾取对象的链接子对象一起带入粒子系统发射。

（3）动画偏移关键点：提供了替身物体有动画的三种处理方法。具体为："无"表示不将动画引入粒子系统；"出生"表示每个粒子出生时，将替身动画同步引入；"随机"表示替身动画随机引入粒子系统。

5）"材质贴图和来源"选项组

（1）时间：从粒子出生开始到完成粒子贴图所需要的帧数。

（2）距离：从粒子出生开始到完成粒子贴图所需要的距离。

（3）"材质来源"按钮：用以指定粒子材质。

（4）图标：粒子使用系统图标指定的材质。

（5）实例几何体：粒子使用实例几何体指定的材质。

5. "旋转和碰撞"卷展栏

"旋转和碰撞"卷展栏如图6.21所示，该卷展栏中的参数可以设置粒子的自旋速度、自旋轴和粒子碰撞等参数。

1）"自旋速度控制"选项组

（1）自旋时间：粒子一次旋转的帧数，默认为30帧。如果设置为0，则不进行旋转。

（2）变化：自旋时间变化的百分比。

（3）相位：设置粒子的初始旋转角度。

（4）变化：相位变化的百分比。

2）"自旋轴控制"选项组

（1）随机：每个粒子的自旋轴是随机的。

（2）运动方向/运动模糊：围绕由粒子移动方向形成的向量旋转粒子。

（3）拉伸：如果大于0，则粒子根据其速度沿运动轴拉伸。

（4）用户定义：使用X轴、Y轴和Z轴微调器中定义的向量来指定粒子沿哪个轴向自旋。

（5）变化：设置3个轴向自旋设定的变化百分比值。

3）"粒子碰撞"选项组

（1）启用：在计算粒子移动时启用粒子间碰撞。

（2）计算每帧间隔：设置每个渲染间隔的间隔数。

（3）反弹：在碰撞后速度恢复的程度。

（4）变化：应用于粒子的反弹值的随机变化百分比。

6. "对象运动继承"卷展栏

"对象运动继承"卷展栏如图6.22所示，"对象运动继承"是指当发射器运动时，发射器的运动是否影响粒子的运动轨迹。

（1）影响：设置继承发射器运动的粒子所占的百分比。

（2）倍增：发射器运动对粒子运动影响的倍增值，该值越大影响越大。

（3）变化：提供倍增值的上下变化百分比。

7. "气泡运动"卷展栏

"气泡运动"卷展栏如图6.23所示。气泡运动提供了在水下气泡上升时所看到的摇摆效果。通常，将粒子设置在较窄的粒子流中上升时，会使用该效果。气泡运动与波形类似，其可调整的参数包括气泡波的幅度、周期和相位等。

图6.21　"旋转和碰撞"卷展栏　　图6.22　"对象运动继承"卷展栏　　图6.23　"气泡运动"卷展栏

8. "粒子繁殖"卷展栏

"粒子繁殖"卷展栏如图6.24所示，该卷展栏中的参数可以使粒子在碰撞或消亡时繁殖其他粒子。

1）"粒子繁殖效果"选项组

选择以下选项之一，可以确定粒子在碰撞或消亡时发生的情况。

（1）无：不使用任何繁殖控件，粒子按照正常方式活动。

（2）碰撞后消亡：粒子在碰撞到绑定的导向器后消失。

• 持续：粒子在碰撞后持续的帧数。

• 变化：粒子在碰撞后发生的随机变化。

（3）碰撞后繁殖：粒子与绑定的导向器碰撞时产生繁殖效果。

（4）消亡后繁殖：粒子的寿命结束时产生繁殖效果。

（5）繁殖拖尾：在粒子寿命的结束帧繁殖粒子。

• 繁殖数目：除原粒子以外的繁殖次数。

• 影响；指定将繁殖的粒子的百分比，100%代表100%的粒子都能繁殖。

• 倍增：指每个繁殖的粒子繁殖几个粒子。

• 变化：指倍增值的变化百分比。

2）"方向混乱"选项组

混乱度：设置粒子繁殖后发射方向的改变程度，100%代表方向100%发生改变。

3）"速度混乱"选项组

使用以下选项可以随机改变繁殖粒子与父粒子的相对速度。

（1）因子：繁殖粒子的速度相对于父粒子的速度变化的百分比范围。

• 慢：应用速度因子减慢繁殖粒子的速度。

• 快：应用速度因子加快繁殖粒子的速度。

• 二者：根据速度因子加快部分粒子的速度，减慢其他粒子的速度。

（2）继承父粒子速度：繁殖粒子继承父粒子的速度。

（3）使用固定值：将"因子"值作为设置值。

4）"缩放混乱"选项组

以下选项对粒子应用随机缩放。

（1）因子：为繁殖粒子确定相对于父粒子的随机缩放百分比范围。

• 向下：随机缩小繁殖的粒子，使其小于其父粒子。

• 向上：随机放大繁殖的粒子，使其大于其父粒子。

• 二者：将繁殖的粒子缩放至大于或小于其父粒子。

（2）使用固定值：将"因子"的值作为固定值。

5）"寿命值队列"选项组

以下选项可以指定繁殖的每一代粒子的备选寿命值列表。

（1）列表窗口：显示寿命值的列表。

（2）添加：将"寿命"微调器中的值加入列表窗口。

（3）删除：删除列表窗口中当前高亮显示的值。

（4）替换：可以使用"寿命"微调器中的值替换队列中的值。

（5）寿命：使用此选项可以设置一个值，并将该值添加到列表窗口。

6）"对象变形队列"选项组

使用此选项组中的选项可以在繁殖的实例对象粒子之间切换。

（1）列表窗口：显示实例化粒子的对象的列表。

（2）拾取：单击此选项选择要加入列表的对象。

（3）删除：删除列表窗口中当前高亮显示的对象。

（4）替换：使用其他对象替换队列中的对象。

9. "加载/保存预设"卷展栏

"加载/保存预设"卷展栏如图 6.25 所示。其功能是对完成的粒子进行加载、保存或删除。

图 6.24 "粒子繁殖"卷展栏 　　　图 6.25 "加载/保存预设"卷展栏

【例 6.3】烟花效果

本例中，通过"超级喷射"粒子系统创建烟花模型，修改相关参数并赋予相应材质贴图后形成绚烂多彩的烟花效果，如图 6.26 所示。

图 6.26 烟花效果

（1）模型创建。

执行"创建"→"几何体"→"粒子系统"→"超级喷射"命令，在透视图中创建一个"超级喷射"对象，如图 6.27 所示。

在下方的命令卷展栏中，修改各主要参数，如图 6.28 ～图 6.31 中框出部分所示。修改后的"超级喷射"粒子效果如图 6.32 所示。

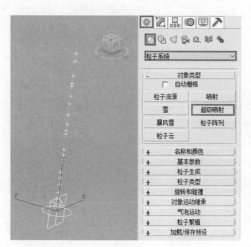

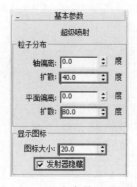

图 6.27　创建"超级喷射"粒子系统　　　图 6.28　"基本参数"卷展栏　　　图 6.29　"粒子生成"
卷展栏

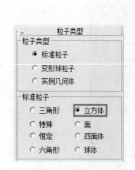

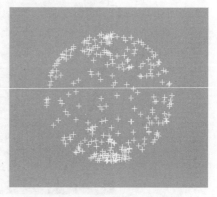

图 6.30　"粒子类型"卷展栏　　　图 6.31　"粒子繁殖"卷展栏　　　图 6.32　"超级喷射"粒子效果

（2）材质贴图。

打开材质编辑器，选择一个空白样本球，将其命名为"粒子材质"，在"Blinn 基本参数"卷展栏中单击"漫反射"后面的小方块，如图 6.33 所示；在打开的"材质 / 贴图浏览器"对话框中选择"粒子年龄"贴图类型，单击"确定"按钮，如图 6.34 所示。

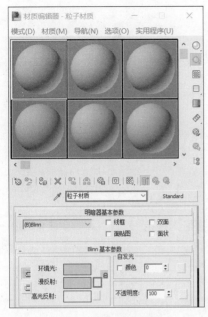

图 6.33　编辑粒子材质

图 6.34　选择"粒子年龄"贴图

单击"确定"按钮后，材质编辑器下方即出现"粒子年龄参数"卷展栏，如图 6.35 所示，分别设置"颜色 #1""颜色 #2""颜色 #3"的颜色，然后将编辑好的材质指定给场景中的粒子对象，渲染后即可看到材质效果。

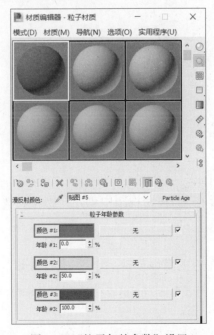

图 6.35　"粒子年龄参数"设置

（3）渲染输出。

在场景中多复制几个"超级喷射"粒子，并修改其粒子年龄贴图的颜色，使其绚丽多彩。然后按照"2.2 参数动画"中的方法对动画进行渲染输出，保存为 AVI 格式的文件。

6.4 暴风雪

"暴风雪"粒子系统是对"雪"粒子系统的增强，主要表现在能发射替身物体，即任何形状的三维几何形体，具有粒子产卵繁殖功能，能够表现出更加复杂的粒子效果，当然其参数也比较复杂，如图 6.36 所示，共包括 8 个参数卷展栏，这些卷展栏中的参数含义与"6.3 超级喷射"中所介绍的参数含义相同，只是所针对的粒子不同而已。

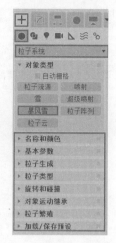

图 6.36 "暴风雪"参数面板

【例 6.4】落英缤纷

本例中，利用软件提供的植物模型创建一棵树，用一个平面来模拟花瓣，创建一个"暴风雪"粒子系统来发射花瓣，造成落英缤纷的效果，如图 6.37 所示。

图 6.37 落英缤纷

（1）模型创建。

① 创建植物。

执行"创建"→"几何体"→"AEC 扩展"→"植物"命令，在"收藏的植物"卷展栏中选择"春天的日本樱花"，在透视图中创建一棵樱花树，设置其"高度"为 150，如图 6.38 所示。

② 创建花瓣。

执行"平面"命令，在透视图中创建一个平面，"长度"为 10，"宽度"为 10，如图 6.39 所示。

（2）材质贴图。

打开材质编辑器，选择一个空白样本球，命名为"花瓣材质"，在"明暗器基本参数"卷展栏中选择着色模式为"半透明明暗器"，并勾选"双面"复选框；在"贴图"卷展栏中的"漫反射颜色"通道指定一幅彩色花瓣贴图，在"不透明度"通道指定一幅黑白贴图，在"半透明颜色"通道指定一幅与"漫反射颜色"通道相同的贴图，因此可直接拖动复制，如图 6.40 所示。

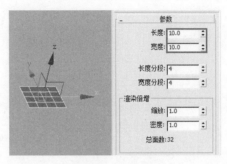

图 6.38　创建植物　　　　　　　　　　图 6.39　创建平面

（3）动画设置。

执行"创建"→"几何体"→"粒子系统"→"暴风雪"命令，在顶视图中创建一个"暴风雪"对象，其大小应小于树冠尺寸，然后将其移动至花树的中上部，如图 6.41 所示。

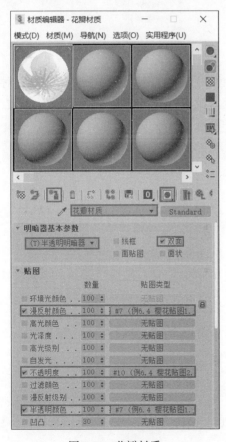

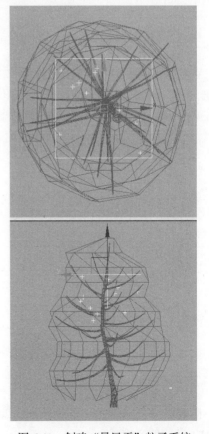

图 6.40　花瓣材质　　　　　　　　图 6.41　创建"暴风雪"粒子系统

在"基本参数"和"粒子生成"卷展栏中调整"暴风雪"粒子的参数，具体如图 6.42 和图 6.43 所示。

图 6.42 "基本参数"卷展栏　　　　　　图 6.43 "粒子生成"卷展栏

在"粒子类型"卷展栏中选择"实例几何体"单选按钮，单击下方的"拾取对象"按钮，在场景中拾取平面对象，如图 6.44 所示。设置粒子的"旋转和碰撞"参数，如图 6.45 所示，造成更加自然的落花效果。单击"播放动画"按钮，可看到落花效果。

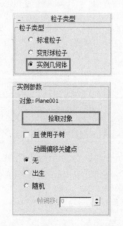

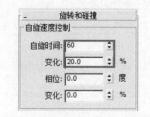

图 6.44 "粒子类型"卷展栏　　　　　　图 6.45 "旋转和碰撞"卷展栏

（4）渲染输出。

修改渲染背景颜色，然后按照"2.2 参数动画"中的方法对动画进行渲染输出，保存为 AVI 格式的文件。

6.5　粒子阵列

以"超级喷射"粒子系统为基础，学习粒子阵列就轻松很多，下面主要介绍粒子阵列的独特功能。粒子阵列必须从某个三维几何形体上发射，可以在三维几何形体的点、边、面上自定义它的发射点，如图 6.46 所示。

在粒子类型中，粒子阵列增加了"对象碎片"粒子类型，这说明它可以将自己随机破碎后模拟粒子发射出去，如图 6.47 所示。在使用"对象碎片"发射时，可以将所有的三角形面发射出去，或规定破碎面的数目，或根据平滑角度决定碎片效果，如图 6.48 所示。

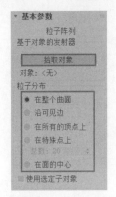 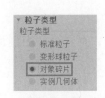 

图 6.46　粒子阵列"基本参数"卷展栏　　图 6.47　粒子阵列"粒子　　图 6.48　粒子阵列"对象碎片
　　　　　　　　　　　　　　　　　　　　类型"卷展栏　　　　　　　　控制"卷展栏

其他参数均与超级喷射相同，如果需要完成从物体表面发射粒子或需要产生发射体碎片时就可以使用粒子阵列。

【例 6.5】水泡效果

本例中，利用基本体创建水池、水体和小球模型，利用粒子系统创建"粒子阵列"，将水面作为粒子发射器，将小球作为粒子进行发射，最后赋材质、渲染，形成的水泡效果如图 6.49 所示。

图 6.49　水泡效果

（1）模型创建。

① 创建水池模型。

执行基本体中的"管状体"命令，在透视图中创建一个管状体，"半径 1"为 100，"半径 2"为 80，"高度"为 50，"边数"为 40，如图 6.50 所示。

② 创建水体模型。

执行基本体中的"圆柱体"命令，在透视图中创建一个圆柱体，"半径"为80，"高度"为30，"边数"为40，如图6.51所示。

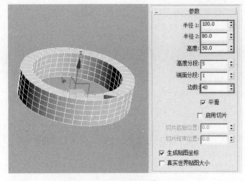

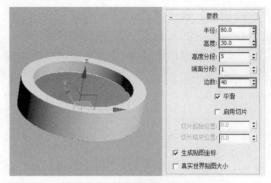

图 6.50　创建管状体　　　　　　　　　　　　　图 6.51　创建圆柱体

③ 创建小球模型。

执行基本体中的"球体"命令，在透视图中创建一个小球，"半径"为8。

（2）粒子系统。

执行"创建"→"几何体"→"粒子系统"→"粒子阵列"命令，在透视图中创建一个粒子阵列对象，其参数设置如图 6.52～图 6.55 所示。

在图 6.52 所示的"基本参数"卷展栏中，单击"拾取对象"按钮，在场景中拾取水体作为粒子发射对象，其他参数如图 6.52 所示。

在图 6.54 所示的"粒子类型"卷展栏中，在选择"实例几何体"单选按钮后，单击"拾取对象"按钮，在场景中拾取小球作为要发射的粒子。

图 6.52　"基本参数"卷展栏　　　图 6.53　"粒子生成"卷展栏　　　图 6.54　"粒子类型"卷展栏

设置好以上参数后，此时播放动画，将会看到如图 6.56 所示的效果。

图 6.55 "气泡运动"卷展栏 　　　　　图 6.56 粒子阵列效果

（3）材质贴图。

① 水池材质。

打开材质编辑器，选择一个空白样本球，命名为"水池材质"，单击"漫反射"后的小方块，在"漫反射"通道为水池贴一幅石头贴图，如图 6.57 所示，最后将编辑好的材质指定给场景中的水池对象。

渲染后，如果效果不理想，可选择水池对象，在"修改器列表"中施加一个"UVW贴图"修改器，将贴图类型调整为"长方体"类型，如图 6.58 所示。

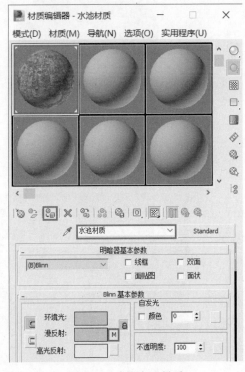

图 6.57 编辑水池材质

图 6.58 调整贴图类型

② 水体材质。

与水池材质编辑类似，在打开的材质编辑器中选择一个空白样本球，命名为"水体材质"，单击"漫反射"后的小方块，在"漫反射"通道为水体贴一幅水状贴图，同时修改"高光反射"和"不透明度"相关参数，如图 6.59 所示，然后将编辑好的材质指定给场景中的水体对象，并施加一个"UVW 贴图"修改器，将贴图类型调整为"长方体"类型。

③ 粒子材质。

选择"粒子阵列"对象，在"修改"命令面板的"粒子类型"卷展栏中，再次单击"材质来源："按钮，如图 6.60 所示，则发射出的粒子材质即与作为发射器的水体材质相一致，效果如图 6.61 所示。

（4）渲染输出。

修改渲染背景颜色，然后按照"2.2 参数动画"中的方法对动画进行渲染输出，保存为 AVI 格式的文件。

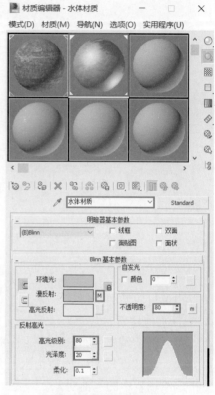

图 6.59　编辑水体材质

图 6.60　设置粒子材质

图 6.61　材质效果

6.6　粒子云

如果希望使用粒子云填充特定的体积，可使用"粒子云"粒子系统。粒子云可以创建一群鸟、一片星空或一队在地面行军的士兵。

粒子云与前面几种粒子系统最大的区别是：粒子云能够在自己设定的体积内发射，不像前面学习的其他粒子，会沿某个方向按一定速度发射，如图 6.62 所示。粒子云的其他参数与超级喷射、暴风雪、粒子阵列基本相同。

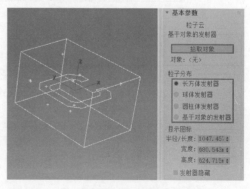

图 6.62　粒子云

【例 6.6】随机旋转的星形

本例中，创建一个异面体对象，利用"粒子云"粒子系统制作出随机旋转的星形效果，如图 6.63 所示。

图 6.63 随机旋转的星形效果

（1）模型创建。

执行"创建"→"几何体"→"扩展基本体"→"异面体"命令，在透视图中创建一个异面体，在"系列"选项组中选择"星形 2"单选按钮，如图 6.64 所示。

（2）创建粒子云。

执行"创建"→"几何体"→"粒子系统"→"粒子云"命令，在透视图中创建一个"粒子云"对象，在"基本参数"卷展栏中，将"视口显示"设置为"网格"，如图 6.65 所示；在"粒子生成"卷展栏中设置相关参数，如图 6.66 所示；在"粒子类型"卷展栏中选择"实例几何体"单选按钮，单击"拾取对象"按钮，在视图中拾取异面体，如图 6.67 所示；在"旋转和碰撞"卷展栏中修改"自旋时间"为 60，如图 6.68 所示。

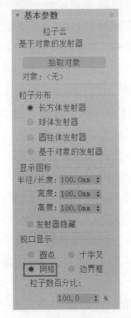

图 6.64 创建星形　　　　图 6.65 "基本参数"卷展栏　图 6.66 "粒子生成"卷展栏

图 6.67 "粒子类型"卷展栏　　　　图 6.68 "旋转和碰撞"卷展栏

（3）渲染输出。

修改渲染背景颜色，然后按照"2.2 参数动画"中的方法对动画进行渲染输出，保存为 AVI 格式的文件。图 6.69 是几个关键帧处的效果。

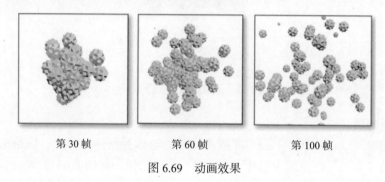

　　第 30 帧　　　　　　　第 60 帧　　　　　　　第 100 帧

图 6.69　动画效果

6.7　粒子流源

　　粒子流源是事件驱动型粒子系统，它是 3ds Max 6.0 版本新增的一种粒子系统，随着软件版本的不断升级，该粒子系统也在不断完善，功能越来越强大。

　　"粒子流"其实就是将普通粒子系统中的每一个参数卷展栏都独立为一个"事件"，通过对这些"事件"任意自由地排列组合，就可以创建出丰富多彩的粒子运动效果。该粒子系统通过一种称为"粒子视图"的特殊对话框来使用"事件"驱动粒子。

　　在"粒子视图"中，可将一定时期内描述粒子属性（如形状、速度、方向和旋转）的单独操作符合并到称为"事件"的组中。每个操作符都提供一组参数，其中多数参数都可以设置动画，以此更改事件期间的粒子行为。随着事件的发生，"粒子流"会不断地计算列表中的每个操作符，并相应地更新粒子系统。

　　执行"创建"→"几何体"→"粒子系统"→"粒子流源"命令后，在视图中拖动鼠标，即可创建一个粒子流源，如图 6.70 所示。

　　在粒子流源的"设置"卷展栏中单击"粒子视图"按钮，即可打开"粒子视图"窗口，如图 6.71 所示。粒子视图提供了用于创建和修改"粒子流源"中的粒子系统的主用户界面。主窗口（即事件显示）包含描述粒子系统的粒子视图。粒子系统包含一个或多个相互关联的事件，每个事件包含一个具有一个或多个操作符和测试的列表，操作符和列表统称为动作。

　　操作符是粒子系统的基本元素，将操作符合并到事件中可指定在给定期间粒子的特性。操作符用于描述粒子的速度方向、形状等。

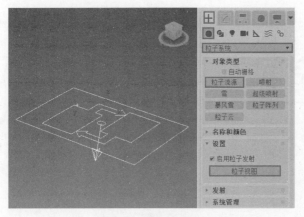 

图 6.70　创建粒子流源　　　　　　　　图 6.71　"粒子视图"窗口

　　操作符驻留在粒子视图仓库内的两个组中，并按字母顺序显示在每个组中，如图 6.72 所示的"第一个组"和"第二个组"。每个操作符前面的图标都有一个蓝色背景，但出生操作符例外，它具有绿色背景。

图 6.72　粒子视图仓库

　　第一个组包含直接影响粒子行为的操作符，如旋转。第二个组位于仓库列表的末尾，其中包含提供多个工具功能的 4 种操作符。

（1）备注：用于在事件中放置注释。

（2）显示：用于确定粒子在视口中如何显示。

（3）渲染：用于创建要渲染的几何体。

（4）缓存：用于优化粒子系统播放。

　　粒子流源制作思路与前述几种非事件驱动粒子系统有区别也有联系，在此不再赘述，有兴趣的读者可参考相关书籍。

第 7 章

空间扭曲动画

空间扭曲是一类在场景中影响其他物体的特殊对象。空间扭曲能创建使其他对象变形的力场，从而创建出使对象受到外部力量影响的动画。空间扭曲的功能与修改器类似，只不过空间扭曲改变的是场景空间，而修改器改变的是物体空间。

空间扭曲在视图中显示为一个网格框架，渲染之后不可见。空间扭曲可以作用于一个对象，也可以作用于多个对象，同样，一个对象也可以有多个空间扭曲与之绑定，它们会按照先后顺序显示在修改器堆栈窗口中。空间扭曲与目标对象的距离不同，其影响力也不同。

空间扭曲的适用对象并不全都相同，有些类型的空间扭曲应用于可变形物体，如用于基本几何体、面片物体和样条线等；而另一些类型的空间扭曲应用于粒子系统，如喷射、雪等；此外，重力、粒子爆炸、风力、马达和推力这 5 种类型的空间扭曲可以作用于粒子系统，也可以在动力学模拟中用于特殊的目的。

3ds Max 2020 提供了 5 种类型的空间扭曲，分别为力、导向器、几何 / 可变形、基于修改器、粒子和动力学，如图 7.1 所示。本章主要介绍作用于粒子系统的三类空间扭曲，即力、导向器和几何 / 可变形。

7.1 "力"空间扭曲

在动画制作中，粒子系统与空间扭曲关系紧密，粒子系统往往需要空间扭曲的作用才可以产生各种动画效果。

"力"空间扭曲主要是为粒子系统施加一种外力，从而改变粒子的运动方向或速度。"力"空间扭曲共有 10 种，分别为推力、马达、漩涡、阻力、粒子爆炸、路径跟随、重力、风、置换和运动场，如图 7.2 所示。

图 7.1　空间扭曲类型

图 7.2　"力"空间扭曲

7.1.1 推力

推力将均匀的单向力施加于粒子系统。"推力"空间扭曲没有宽度界限,其宽幅与力的方向垂直,通过"范围"选项设置参数可以对其进行限制。图7.3是推力作用于"雪"粒子的效果。

7.1.2 马达

马达的作用类似于推力,但马达对粒子或对象应用的是转动扭曲而不是定向力,其效果如图7.4所示。马达图标的位置和方向都会对围绕其旋转的粒子产生影响。

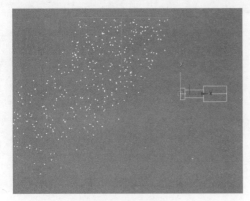

图7.3 推力效果

图7.4 马达效果

7.1.3 漩涡

漩涡应用于粒子系统时,可以使它们在急转的漩涡中旋转,然后形成一个长而窄的喷流或漩涡井,其效果如图7.5所示。漩涡在创建黑洞、涡流、龙卷风和其他对象时很有用。

7.1.4 阻力

阻力是一种按照指定量来降低粒子速率的粒子运动阻尼器。应用阻尼的方式可以是线性、球形或者柱形,图7.6是Z轴线性阻尼为50%时的动画效果。阻力在模拟风阻、水中的移动、力场的影响以及其他类似的情景时非常有用。

图7.5 漩涡效果

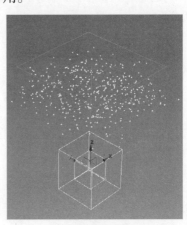

图7.6 阻力效果

7.1.5 粒子爆炸

粒子爆炸能创建使粒子系统爆炸的冲击波，它有别于使几何体爆炸的"爆炸"空间扭曲，其效果如图7.7所示。粒子爆炸尤其适合"粒子类型"设置为"对象碎片"的粒子阵列系统。

7.1.6 路径跟随

使用路径跟随空间扭曲时，需要先创建一条二维的曲线作为粒子运动的路径，粒子系统绑定到路径跟随空间扭曲后，粒子将跟随拾取的路径曲线进行运动，效果如图7.8所示。

 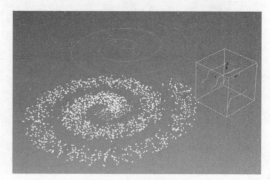

图7.7　粒子爆炸效果　　　　　　　　　　图7.8　路径跟随效果

7.1.7 重力

重力可以实现自然重力效果的模拟，也可以用于动力学模拟中，其效果如图7.9所示。重力具有方向性，沿重力箭头方向的粒子进行加速运动，逆着重力箭头方向运动的粒子呈减速状。

7.1.8 风

风力可以模拟自然界风吹的效果，也可以用于动力学模拟中，其效果如图7.10所示。风力具有方向性，沿风力箭头方向的粒子进行加速运动，逆着风力箭头方向运动的粒子呈减速状。

图7.9　重力效果　　　　　　　　　　　图7.10　风效果

7.1.9 置换

置换以力场的形式推动和重塑对象的几何外形。置换对几何体和粒子系统都会产生影响，其效果如图 7.11 所示。

7.1.10 运动场

使用运动场可以将力应用于粒子、流体和顶点，其应用于粒子系统时的效果如图 7.12 所示。

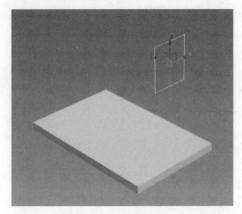

图 7.11 置换效果

图 7.12 运动场效果

7.1.11 "力"空间扭曲实例：燃烧的香烟

本例中，利用基本体创建烟灰缸和香烟模型并赋予相应材质，用"超级喷射"粒子系统模拟烟雾，并施加"风"空间扭曲，形成烟雾袅袅的效果，如图 7.13 所示。

图 7.13 燃烧的香烟

1. 模型创建

1）烟灰缸模型

执行"圆柱体"命令，在透视图中创建一个圆柱体，"半径"为 100，"高度"为 25，"边数"为 50，如图 7.14 所示。

复制一个圆柱体，将"半径"参数修改为90，其他参数不变，将两个圆柱体中心对齐，高度方向调整为如图7.15所示的状态。

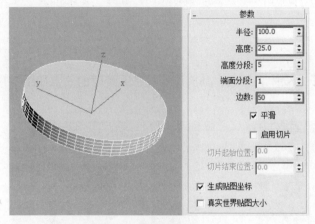

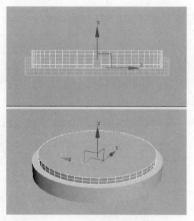

图7.14　创建圆柱体1　　　　　　　　　　　图7.15　两个圆柱体的相对位置

选择大圆柱体，执行"创建"→"几何体"→"复合对象"→"布尔"命令，在"拾取布尔"卷展栏下单击"拾取操作对象 B"按钮，在场景中拾取小圆柱体，完成布尔运算，如图7.16所示。

执行"球体"命令，在透视图中创建一个球体，"半径"为10，调整其与烟灰缸的相对位置，如图7.17所示。

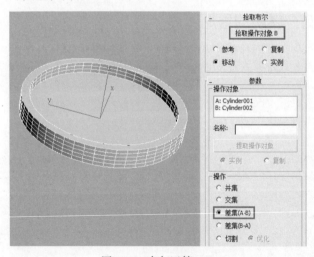

图7.16　布尔运算　　　　　　　　　　　　图7.17　创建一个球体

选择球体，在"层次"命令面板中单击"仅影响轴"按钮，将球体的坐标中心移至烟灰缸的坐标中心，再次单击"仅影响轴"按钮，结束命令，效果如图7.18所示。

然后在透视图中选择球体，执行"工具"→"阵列"命令，在打开的"阵列"对话框中，设置 ID 数量为4，绕 Z 轴旋转角度为90°，阵列结果如图7.19所示。

选择烟灰缸主体，执行"布尔"命令，单击"拾取操作对象 B"按钮之后，拾取球体，完成第一次布尔运算操作；如此重复4次，完成的布尔运算结果如图7.20所示。

选择烟灰缸，切换到"修改"命令面板，在"修改器列表"中选择"网格平滑"修改器，可适当修改"迭代次数"数值，使平滑效果更理想，此处取默认值1，如图7.21所示。

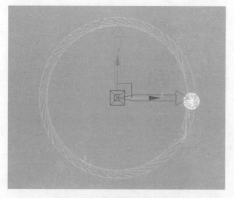

图7.18　移动坐标中心

图7.19　阵列球体

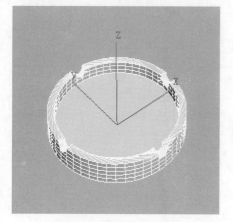

图7.20　布尔运算结果

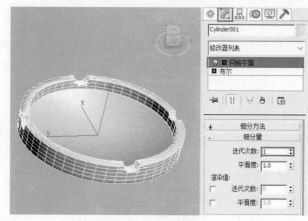

图7.21　网格平滑

2）香烟模型

执行"圆柱体"命令，在透视图中创建一个圆柱体，"半径"为4，"高度"为84，"高度分段"为3，"边数"为20，如图7.22所示。

为了给香烟赋多维/子对象材质的需要，现对香烟模型进行适当编辑。

选择香烟对象，在"修改"命令面板的"修改器列表"中选择"编辑网格"修改器，进入"编辑网格"的"顶点"次物体层级，在视图中将香烟的第二行顶点向上移动，移动前后效果如图7.23所示。

然后，进入"编辑网格"的"多边形"次物体层级，选择如图7.24所示的多边形，在"曲面属性"卷展栏中"设置ID"为"1"，在"平滑组"选项组中单击"1"按钮，即可将选中的多边形命名为1号区域。

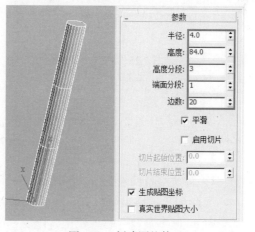

图7.22　创建圆柱体2

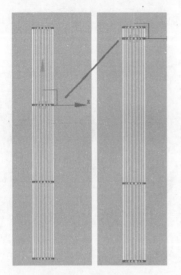

图 7.23　移动顶点

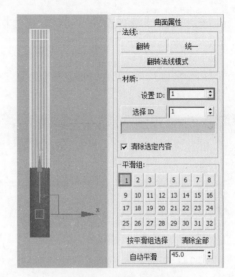

图 7.24　编辑 1 号区域

用同样的方法，分别命名 2 号和 3 号区域，如图 7.25 和图 7.26 所示。

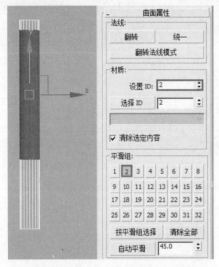

图 7.25　编辑 2 号区域

图 7.26　编辑 3 号区域

3）桌面模型

执行"平面"命令，创建一个平面，设置其"长度"为 800，"宽度"为 1000，作为桌面。

2. 材质贴图

1）烟灰缸材质

选择烟灰缸模型，打开材质编辑器，选择一个空白样本球，命名为"烟灰缸材质"，在"Blinn 基本参数"卷展栏中，修改"漫反射"颜色为淡蓝色（红为 160，绿为 170，蓝为 200），"高光级别"设置为 60，"光泽度"设置为 50，如图 7.27 所示。

展开材质编辑器下方的"贴图"卷展栏，勾选"不透明度"贴图通道，"数量"设置为 80；勾选"折射"贴图通道，"数量"设置为 10，如图 7.28 所示。

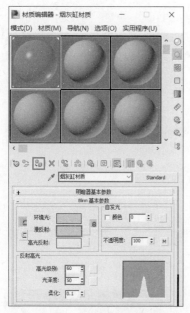

图 7.27　编辑烟灰缸材质

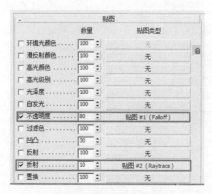

图 7.28　烟灰缸贴图

单击"不透明度"后的长条按钮，在打开的"材质/贴图浏览器"对话框中选择"衰减"类型的贴图，在打开的"衰减参数"卷展栏中，设置"衰减类型"为 Fresnel，然后单击"转到父对象"按钮，如图 7.29 所示。

单击如图 7.28 所示中"折射"后的长条按钮，在打开的"材质/贴图浏览器"对话框中选择"光线跟踪"类型的贴图，在打开的"光线跟踪器参数"卷展栏中采用系统默认参数，然后单击"转到父对象"按钮，回到材质编辑器主界面。

将编辑好的烟灰缸材质指定给场景中的烟灰缸对象，渲染效果如图 7.30 所示。

图 7.29　设置衰减贴图参数

图 7.30　烟灰缸材质效果

2）香烟材质

选择香烟模型，打开材质编辑器，选择一个空白样本球，命名为"香烟材质"，单击名称后的 Standard 按钮，在打开的"材质/贴图浏览器"对话框中选择"多维/子对象"材质类型，单击"确定"按钮后在面板下方将会打开"多维/子对象基本参数"卷展栏，如图 7.31 所示。

首先单击"设置数量"按钮，根据建模时划分的区域数，将"数量"设置为 3；然后结合模型区域划分情况，将 ID1 命名为"过滤嘴"，ID2 命名为"香烟"，ID3 命名为"烟头"；最后分别编辑这三个部分的子材质，方法是：单击"名称"后的"子材质"长条按钮，在打开的"材质／贴图浏览器"对话框中选择"标准"类型，进入标准材质编辑器面板，将过滤嘴部分的"漫反射"颜色设置为橘黄色；用同样的方法，将香烟部分的"漫反射"颜色设置为灰白色；将烟头部分的"漫反射"颜色设置为灰褐色。渲染后的香烟效果如图 7.32 所示。

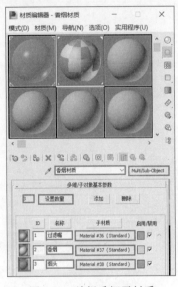

图 7.31　编辑香烟子材质

图 7.32　香烟材质效果

3）桌面材质

选择桌面模型，打开材质编辑器，选择一个空白样本球，命名为"桌面材质"，在"漫反射"通道为桌面贴一种木纹贴图，适当调整高光级别参数，如图 7.33 所示，最后将编辑好的桌面材质指定给场景中的桌面对象，效果如图 7.34 所示。

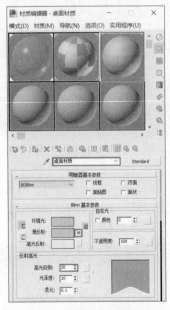

图 7.33　编辑桌面材质

图 7.34　桌面材质效果

3. 动画设置

1）粒子系统

执行"创建"→"几何体"→"粒子系统"→"超级喷射"命令，在透视图中创建一个"超级喷射"粒子，参数设置如图 7.35～图 7.37 所示。

将"超级喷射"粒子对齐到烟头中心处，渲染后的效果如图 7.38 所示。

图 7.35　"基本参数"卷展栏　　　　图 7.36　"粒子生成"卷展栏

图 7.37　"粒子类型"卷展栏　　　　图 7.38　粒子效果

可以看出，粒子烟雾太重，因此下面将通过给粒子系统赋材质的方法使烟雾效果更加真实。

选择"超级喷射"粒子，打开材质编辑器，如图 7.39 所示，选择一个空白样本球，命名为"烟雾材质"；在"明暗器基本参数"卷展栏中勾选"面贴图"复选框；在"Blinn基本参数"卷展栏中将"漫反射"颜色设置为淡蓝色，"不透明度"数值设置为 0，"光泽度"数值设置为 0；在"贴图"卷展栏中，勾选"不透明度"贴图通道，将其"数量"设置为 3，单击其后的长条按钮，在打开的"材质 / 贴图浏览器"对话框中选择"渐变"类型贴图，在打开的"渐变参数"卷展栏中将"渐变类型"修改为"径向"，如图7.40所示，然后单击"转到父对象"按钮，回到材质编辑器，将编辑好的材质指定给粒子对象，效果如图7.41所示。

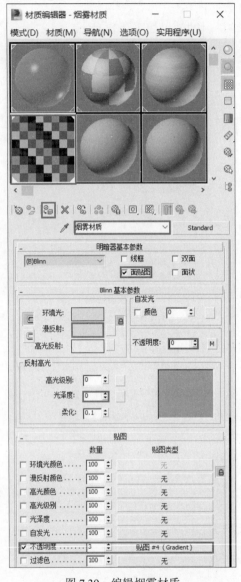

图7.39　编辑烟雾材质

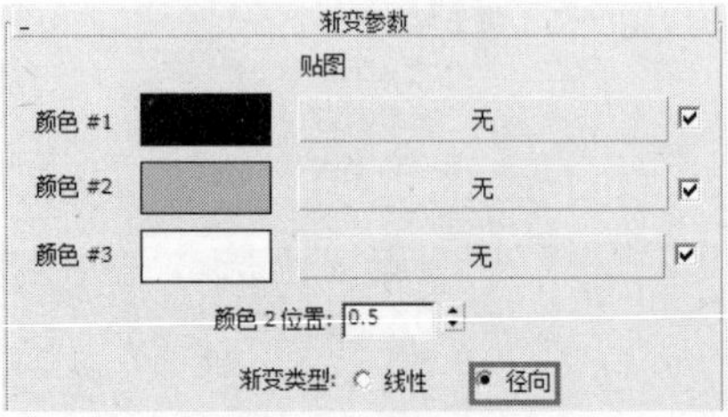

图7.40　渐变参数

2）空间扭曲

执行"创建"→"空间扭曲"→"力"→"风"命令，设置"强度"为0.02，"湍流"为0.04，"频率"为0.26，"比例"为0.04，"图标大小"为20，如图7.42所示，并在场景中调整其方向和位置。

在软件界面上方的标准工具栏上单击"绑定到空间扭曲"图标，将"风"空间扭曲绑定到"超级喷射"粒子上，播放动画，烟雾将会产生袅袅上升的效果。

4. 渲染输出

按照"2.2 参数动画"中的方法，对动画进行渲染输出，保存为AVI格式的文件。

图 7.41　烟雾材质效果

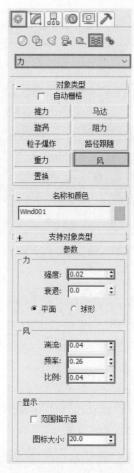

图 7.42　创建"风"空间扭曲

7.2　"导向器"空间扭曲

导向器用于使粒子产生偏转效果。执行创建命令，在空间扭曲类型中选择"导向器"后，命令面板中出现导向器对象类型，3ds Max 2020 共提供了 6 种类型的导向器，分别为泛方向导向板、泛方向导向球、全泛方向导向、全导向器、导向球和导向板，如图 7.43 所示。

图 7.43　导向器类型

7.2.1　泛方向导向板

泛方向导向板是一种平面泛方向导向器类型，它能提供比原始导向器更强大的功能，包括折射和繁殖能力，效果如图 7.44 所示。

7.2.2　泛方向导向球

泛方向导向球是一种球形泛方向导向器类型，它提供的选项比原始的导向球更多，不同之处在于它是一处球形的导向表面而不是平面表面，效果如图 7.45 所示。

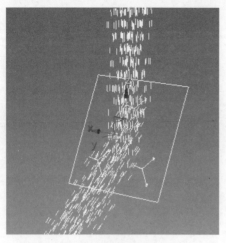

图 7.44　泛方向导向板效果

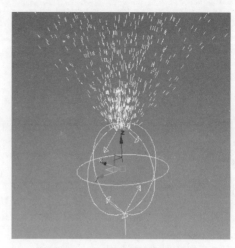

图 7.45　泛方向导向球效果

7.2.3　全泛方向导向

全泛方向导向提供的选项比原始的全导向器更多，该空间扭曲能够使用其他任意几何对象作为粒子导向器，图 7.46 是拾取圆柱体作为粒子导向器的导向效果。

7.2.4　全导向器

全导向器可以让操作者使用任意对象作为粒子导向器，图 7.47 是拾取茶壶对象作为粒子导向器的导向效果。

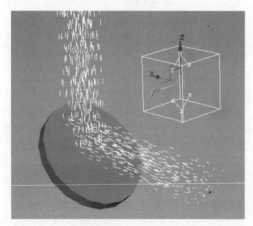

图 7.46　全泛方向导向效果

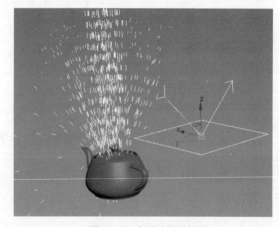

图 7.47　全导向器效果

7.2.5　导向球

导向球起着"球形"粒子导向器的作用，其效果如图 7.48 所示。

7.2.6　导向板

导向板起着平面防护板的作用，它能排斥由粒子系统生成的粒子，其效果如图 7.49 所示。

图 7.48 导向球效果

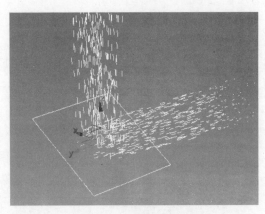

图 7.49 导向板效果

7.2.7 "导向器"空间扭曲实例：茶壶倒水

本例中，创建茶壶和茶杯模型并赋材质，用喷射粒子系统模拟水流，用重力和导向板空间扭曲来调整水流方向，从而完成茶壶倒水动画过程，效果如图 7.50 所示。

图 7.50 茶壶倒水

1. 模型创建

1）创建茶壶模型

在"创建"命令面板中执行"茶壶"命令，在透视图中创建一个茶壶，"半径"为30，"分段"为 10，如图 7.51 所示。

图 7.51 创建茶壶

2）创建茶杯模型

执行"创建"→"图形"→"线"命令，在前视图中绘制茶杯侧面轮廓线，并将其调整光滑，如图 7.52 所示；然后在"修改器列表"中为其施加一个"车削"修改器，参数设置如图 7.53 所示；车削效果如图 7.54 所示。

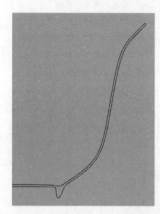  

图 7.52　绘制茶杯侧面轮廓线　　图 7.53　"车削"修改器　　　　图 7.54　茶杯模型

3）桌面模型

执行"圆柱体"命令，在透视图中创建一个圆柱体，"半径"为 150，"高度"为 5，"边数"为 50，如图 7.55 所示。

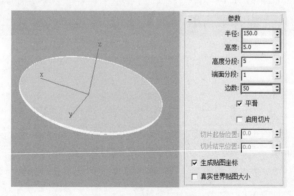

图 7.55　创建桌面模型

2. 材质贴图

1）茶壶和茶杯

选择茶壶和茶杯，打开材质编辑器，选择一个空白样本球，命名为"茶具材质"，在"漫反射"通道选择一幅瓷器贴图，指定给选定对象，如图 7.56 所示。

2）桌面材质

选择桌面对象，打开材质编辑器，选择一个空白样本球，命名为"桌面材质"，在"漫反射"通道选择一幅木纹贴图，指定给选定对象，材质效果如图 7.57 所示。

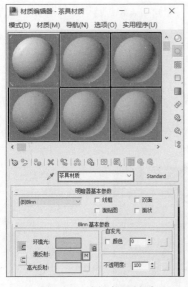

图 7.56 编辑茶具材质

图 7.57 材质效果

3. 动画设置

1）创建"喷射"粒子系统

执行"创建"→"几何体"→"粒子系统"→"喷射"命令，在透视图中创建一个"喷射"粒子系统，设置其"视口计数"为 500，"渲染计数"为 500，"水滴大小"为 5，"速度"为 10；计时"开始"为 30；发射器"宽度"为 5，"长度"为 5，如图 7.58 所示。

将"喷射"粒子系统移到茶壶嘴边，将发射方向调整为向上。单击界面标准工具栏上的"选择并链接"图标，将粒子与茶壶链接在一起。

2）创建"重力"空间扭曲

执行"创建"→"空间扭曲"→"力"→"重力"命令，创建一个"重力"空间扭曲，设置"强度"为 6，"图标大小"为 10，如图 7.59 所示。

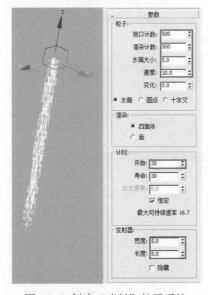

图 7.58 创建"喷射"粒子系统

图 7.59 创建"重力"空间扭曲

单击界面上方标准工具栏上的"绑定到空间扭曲"图标，将"喷射"粒子与重力绑定在一起，并适当旋转"喷射"粒子的角度，此时看到的水流效果如图 7.60 所示。显然，粒子穿透茶杯和桌面是不合理的，因此，需为粒子施加一个"导向板"空间扭曲。

3）创建"导向板"空间扭曲

执行"创建"→"空间扭曲"→"导向器"→"导向板"命令，在茶杯中下部处创建一个导向板，设置其"反弹"为 0.6，"摩擦力"为 100，"宽度"为 40，"长度"为 40，宽度和长度比茶杯略大即可，具体如图 7.61 所示。

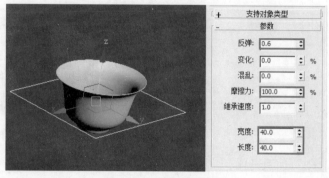

图 7.60 施加重力的水流效果

图 7.61 创建导向板

单击界面上方标准工具栏上的"绑定到空间扭曲"图标，将"喷射"粒子与导向板绑定在一起，效果如图 7.62 所示。

4）录制茶壶倒水动画

在动画控制区单击"自动"按钮，开始录制动画。第 0 帧时，茶壶在桌面上初始位置；第 30 帧时，将茶壶向上移动并适当旋转，准备倒水；第 70 帧时，茶壶位置与第 30 帧相同；第 100 帧时，茶壶位置与第 0 帧相同，因此，可在"轨迹视图 - 摄影表"窗口中直接将第 30 帧的关键帧数据复制至第 70 帧，同样，可将第 0 帧数据复制至第 100 帧。图 7.63 是第 30 帧的状态。

图 7.62 施加导向板后的水流效果

图 7.63 第 30 帧状态

5）录制水流变化动画

为模拟茶壶在倒水过程中水流逐渐由大变小的过程，需对"喷射"粒子的水滴大小参数进行设置。

选择"喷射"粒子，在动画控制区单击"自动"按钮，在第 70 帧时，修改"喷射"

粒子的"水滴大小"参数为0，然后将第0帧的关键帧拖动至第30帧，即在第30～70帧水流产生变化，如图7.64所示。

第45帧水流   第65帧水流

图7.64 水流变化

4．渲染输出

按照"2.2 参数动画"中的方法，对动画进行渲染输出，保存为AVI格式的文件。

7.3 "几何／可变形"空间扭曲

"几何／可变形"空间扭曲用于使几何体产生变形效果。执行"创建"→"空间扭曲"命令后，选择"几何／可变形"，系统提供了7种类型的"几何／可变形"对象类型，如图7.65所示。

以下将介绍最为常用的几种"几何／可变形"空间扭曲。

图7.65 "几何／可变形"空间扭曲

7.3.1 FFD（长方体）

FFD（长方体）提供了通过调整晶格控制点使对象发生变形的方法。"FFD（长方体）"空间扭曲在晶格中使用长方体控制点阵列。该FFD既可以作为对象修改器，也可以作为空间扭曲。作为空间扭曲时，FFD可以同时和多个对象绑定。"FFD参数"卷展栏如图7.66所示，主要用来设置晶格的大小、显示和变形方式等。

1．"尺寸"选项组

该选项组参数主要用于调整晶格的单位尺寸，并指定晶格中控制点的数目。

（1）长度／宽度／高度：用来显示和调节晶格的长度、宽度和高度。

（2）设置点数：设置包含"长度""宽度""高度"的点数。

2．"显示"选项组

该选项组会影响FFD在视口中的显示。

（1）晶格：勾选该复选框可以绘制连接控制点的栅格。

（2）源体积：勾选该复选框时，控制点和晶格会以未修改的状态显示。

3．"变形"选项组

该选项组用来指定哪些顶点受FFD影响。

（1）仅在体内：只有位于源体积内的顶点会变形，源体积外的顶点不受影响。

（2）所有顶点：所有顶点都会变形，不管它们位于源体积内部还是外部。

（3）衰减：该参数仅在选择"所有顶点"单选按钮时可用，当该参数设置为 0 时，不存在衰减，即所有顶点无论到晶格的距离远近都会受到影响。

4. "张力 / 连续性"选项组

该选项组用以调整变形样条线的张力和连续性。

5. "选择"选项组

该选项组提供了选择控制点的其他方法。

全部 X/ 全部 Y/全部 Z：单击其中任意一个按钮并选择一个控制点时，沿着该按钮指定的局部维度上的所有控制点均被选中。单击其中任意两个按钮，可以选择两个维度中的所有控制点。

图 7.67 是 FFD（长方体）的应用实例。首先在视图中创建一个 FFD（长方体）和三个基本体，并将三个基本体绑定到"FFD（长方体）"空间扭曲上，然后给 FFD（长方体）施加一个倾斜修改器，调整倾斜数量，则三个基本体也随之产生倾斜效果。

图 7.66 "FFD 参数"卷展栏

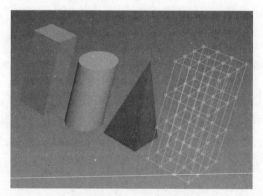

图 7.67 FFD（长方体）效果

7.3.2 FFD（圆柱体）

"FFD（圆柱体）"空间扭曲在晶格中使用圆柱体控制点阵列。该 FFD 既可以作为对象修改器，也可以作为空间扭曲。"FFD 参数"卷展栏如图 7.68 所示，各参数含义与"FFD（长方体）"类似，在此不再赘述。

图 7.69 是 FFD（圆柱体）的应用实例。首先在视图中创建一个 FFD（圆柱体）和三个基本体，并将三个基本体绑定到"FFD（圆柱体）"空间扭曲上，然后给 FFD（圆柱体）施加一个弯曲修改器，调整弯曲角度，则三个基本体也随之产生弯曲效果。

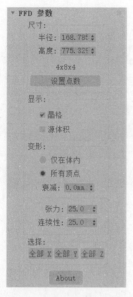

图 7.68 "FFD 参数"卷展栏

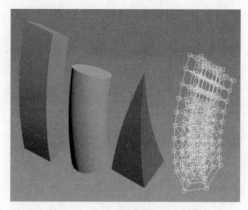

图 7.69 FFD（圆柱体）效果

7.3.3 波浪

"波浪"空间扭曲可以创建线性波浪。它产生作用的方式与"波浪"修改器相同。"波浪"空间扭曲可用于影响多个对象，或在世界空间中影响某个对象。"波浪"空间扭曲的"参数"卷展栏如图 7.70 所示。

1."波浪"选项组

该选项组用于控制波浪效果。

（1）振幅 1：设置沿扭曲对象的局部 X 轴的波浪振幅。

（2）振幅 2：设置沿扭曲对象的局部 Y 轴的波浪振幅。

（3）波长：设置每个波浪沿其局部 Y 轴的长度。

（4）相位：从波浪对象的中央开始偏移波浪的相位。设置该参数会使波浪像是在空间中传播。

（5）衰退：增加衰退值会导致振幅从波浪扭曲对象的所在位置开始随距离的增加而减弱。

2."显示"选项组

该选项组控制波浪扭曲 Gizmo 的几何体。

（1）边数：设置沿波浪对象的 X 轴的边分段数。

（2）分段：设置沿波浪对象的 Y 轴的分段数目。

（3）分割数：在不改变波浪效果的情况下调整波浪图标的大小。

图 7.71 是"波浪"空间扭曲的应用实例。首先在视图中创建一个"波浪"空间扭曲和三个基本体，并将三个基本体绑定到"波浪"空间扭曲上，然后调整波浪的相关参数，则三个基本体也随之产生波浪效果。

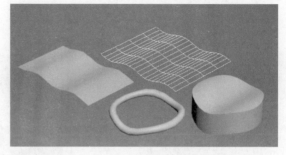

图 7.70　"波浪"空间扭曲的"参数"卷展栏　　　图 7.71　"波浪"空间扭曲的应用实例

7.3.4　涟漪

"涟漪"空间扭曲可以创建同心波纹。它产生作用的方式与"涟漪"修改器相同。"涟漪"空间扭曲可用于影响多个对象，或在世界空间中影响某个对象。"涟漪"空间扭曲的"参数"卷展栏如图 7.72 所示，其与"波浪"空间扭曲的"参数"卷展栏基本相同，因此不再赘述。

图 7.73 是"涟漪"空间扭曲的应用实例。首先在视图中创建一个"涟漪"空间扭曲和三个基本体，并将三个基本体绑定到"涟漪"空间扭曲上，然后调整涟漪的相关参数，则三个基本体也随之产生涟漪效果。

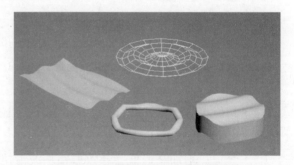

图 7.72　"涟漪"空间扭曲的"参数"卷展栏　　　图 7.73　"涟漪"空间扭曲的应用实例

7.3.5　爆炸

"爆炸"空间扭曲主要用于制作物体炸开效果，"爆炸参数"卷展栏如图 7.74 所示。

1. "爆炸"选项组

（1）强度：设置爆炸力。数值越大，爆炸力越强，反之亦然。同时，对象离爆炸点越近，爆炸效果越强。

（2）自旋：爆炸碎片旋转的速率，以每秒转数表示。

（3）衰减：爆炸效果距爆炸点的距离，以单位数表示。

（4）启用衰减：勾选该复选框即可使用衰减设置。

2．"分形大小"选项组

该选项组参数决定每个碎片的面数。

（1）最小值：指定爆炸随机生成的每个碎片的最小面数。

（2）最大值：指定爆炸随机生成的每个碎片的最大面数。

3．"常规"选项组

（1）重力：指定由重力产生的加速度。注意，重力的方向总是世界坐标系中的 Z 轴方向。重力可以为负。

（2）混乱度：增加爆炸的随机变化。

（3）起爆时间：指定爆炸开始的帧。

（4）种子：更改该设置可以改变爆炸中随机生成的数目。

图 7.75 是在场景中创建一个爆炸空间扭曲和一个茶壶，将茶壶绑定到爆炸空间扭曲后的爆炸效果。

图 7.74 "爆炸参数"卷展栏

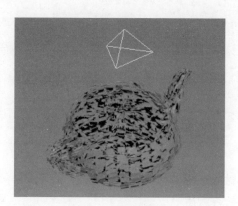

图 7.75 爆炸效果

7.3.6 "几何／可变形"空间扭曲实例一：气泡爆炸

本实例中，用基本体创建模型后，添加"FFD（长方体）"和"爆炸"空间扭曲，通过调整空间扭曲形态来实现气泡吹出和爆炸的动画效果，如图 7.76 所示。

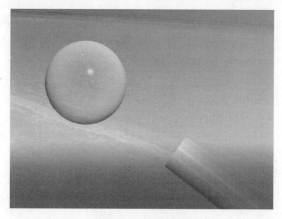

图 7.76 气泡爆炸

1. 模型创建

1）创建软管模型

执行"创建"→"几何体"→"标准基本体"→"管状体"命令，在透视图中创建一个管状体，"半径1"为30，"半径2"为28，"高度"为200，"边数"为30，如图7.77所示。

2）创建气泡模型

执行"创建"→"几何体"→"标准基本体"→"几何球体"命令，在透视图中创建一个几何球体，"半径"为80，"分段"为8，如图7.78所示。

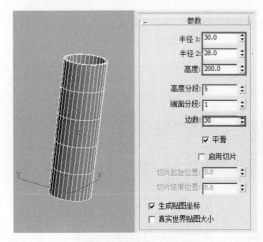
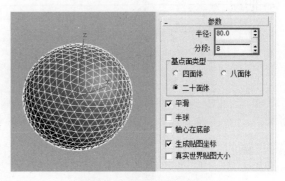

图7.77 创建管状体　　　　　　　　　　图7.78 创建几何球体

2. 材质贴图

1）软管材质

选择软管模型，打开材质编辑器，选择一个空白样本球，命名为"软管材质"；在"Blinn基本参数"卷展栏下将"漫反射"颜色修改为白色，设置"不透明度"参数为60，设置"高光级别"参数为80，"光泽度"参数为70，如图7.79所示，将编辑好的软管材质指定给场景中的软管模型。

2）气泡材质

选择气泡模型，打开材质编辑器，选择一个空白样本球，命名为"气泡材质"；在"Blinn基本参数"卷展栏下将"漫反射"颜色修改为白色，设置"高光级别"参数为80，"光泽度"参数为70；在"扩展参数"卷展栏下将"高级透明"的衰减数量设置为100，如图7.80所示，将编辑好的气泡材质指定给场景中的气泡模型。材质渲染效果如图7.81所示。

3. 动画设置

1）创建"FFD（长方体）"空间扭曲

执行"创建"→"空间扭曲"→"几何/可变形"→"FFD（长方体）"命令，在透视图中创建一个"FFD（长方体）"空间扭曲，设置"长度"为180，"宽度"为180，"高度"为350，如图7.82所示。

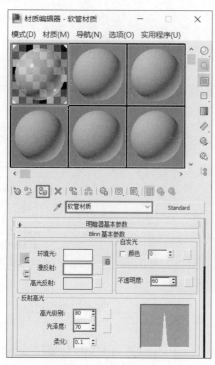

图 7.79 编辑软管材质

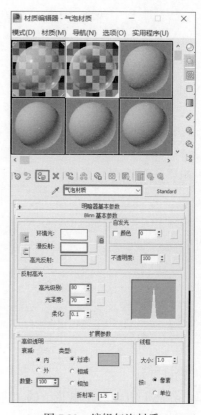

图 7.80 编辑气泡材质

图 7.81 材质效果

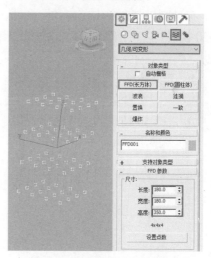

图 7.82 创建 FFD（长方体）

将 FFD（长方体）与软管中心对齐，在"修改"命令面板中展开 FFD（长方体），进入"控制点"次物体层级，在视图中选择下面三排控制点，将其均匀缩小至与软管直径基本一致，并适当移动，如图 7.83 所示。

2）创建"爆炸"空间扭曲

执行"创建"→"空间扭曲"→"几何 / 可变形"→"爆炸"命令，在视图中创建一个"爆炸"空间扭曲，设置"爆炸参数"卷展栏下的分形大小"最小值"为 8，"最大值"

为 10；设置"常规"选项组中的"混乱"为 10，"起爆时间"为 50，爆炸位置及参数如图 7.84 所示。

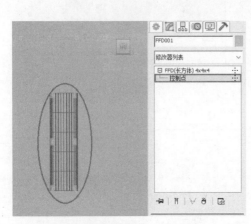

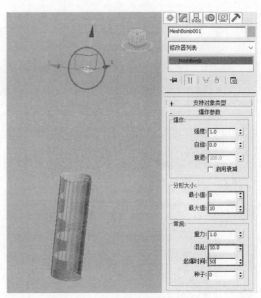

图 7.83　调整 FFD（长方体）　　　　　　　图 7.84　创建"爆炸"空间扭曲

3）动画录制

单击界面上方标准工具栏上的"绑定到空间扭曲"图标，将气泡对象绑定到"FFD（长方体）"空间扭曲上。

在动画控制区单击"自动"按钮，开始动画录制。第 0 帧时，将气泡对象移至软管内；第 50 帧时，将气泡对象移出软管，至爆炸处，如图 7.85 所示；此时单击"绑定到空间扭曲"图标，将气泡对象绑定到"爆炸"空间扭曲上，再次单击"自动"按钮，结束动画录制。

4. 渲染输出

按照"2.2 参数动画"中的方法，对动画进行渲染输出，保存为 AVI 格式的文件。图 7.76 是第 50 帧时的动画渲染效果，图 7.86 为第 60 帧时的动画渲染效果。

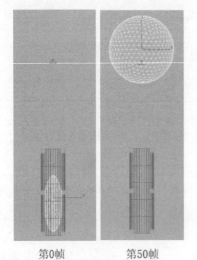

第0帧　　　　　第50帧

图 7.85　气泡关键帧状态

图 7.86　第 60 帧时的动画渲染效果

7.3.7　"几何 / 可变形"空间扭曲实例二：计算机屏保动画

本实例中，创建一个长方体，用编辑网格修改器对物体设置多维 / 子对象材质，施加"波浪"空间扭曲，设置波浪变形动画和物体的移动动画，效果如图 7.87 所示。

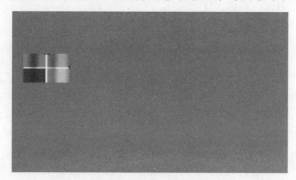

图 7.87　计算机屏保动画

1．模型创建和编辑

执行"创建"→"几何体"→"标准基本体"→"长方体"命令，在前视图中创建一个长方体，设置其"长度"为 100，"宽度"为 150，"高度"为 1，"长度分段"为 20，"宽度分段"为 20，如图 7.88 所示。

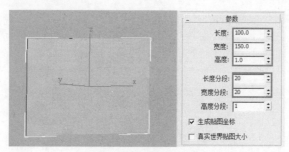

图 7.88　创建长方体

在前视图中选择长方体，在"修改"命令面板的"修改器列表"中选择"编辑网格"，为长方体施加"编辑网格"修改器，进入"顶点"次物体层级，如图 7.89 所示。在前视图中以水平和垂直中心线为基准，将与其相邻的两排顶点分别移向中心线，移动结果如图 7.90 所示。

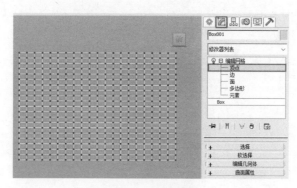

图 7.89　编辑网格

在"编辑网格"修改器中进入"多边形"次物体层级，选择如图 7.91 所示的左上角区域的多边形，在命令面板下方"曲面属性"卷展栏的"材质"选项组中，"设置 ID"为 1，同时，在下方的"平滑组"选项组中单击"1"按钮，即可将长方体的左上角区域指定为 1 号区域。用同样的方法，将右上角区域指定为 2 号区域，左下角区域指定为 3 号区域，右下角区域指定为 4 号区域，中间的十字区域指定为 5 号区域，如图 7.92 所示。

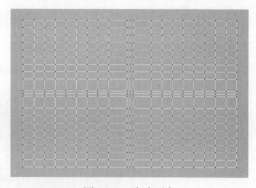

图 7.90 移动顶点

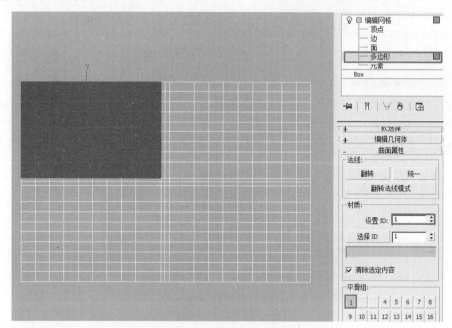

图 7.91 定义 1 号区域

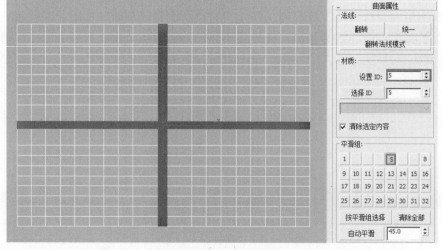

图 7.92 定义 5 号区域

2. 材质贴图

执行"渲染"→"材质编辑器"命令，在打开的"材质编辑器 -07-Default"对话框中单击如图 7.93 所示的 Standard 按钮，弹出如图 7.94 所示的"材质 / 贴图浏览器"对话框，双击其中的"多维 / 子对象"材质类型，在弹出的如图 7.95 所示的"替换材质"对话框中选择"丢弃旧材质"单选按钮，单击"确定"按钮后，材质面板下方出现如图 7.96 所示的"多维 / 子对象基本参数"卷展栏，单击"设置数量"按钮，在弹出的如图 7.97 所示的对话框中输入"材质数量"为 5，单击"确定"按钮，然后"多维 / 子对象基本参数"卷展栏中的子材质数量即显示为 5，如图 7.98 所示。此时，在 ID1 的名称区域输入适当的名称，如"左上角"（注意，此处的区域编号一定要与第 1 步区域编号中的区域一致），单击子材质对应的长条按钮，在打开的"材质 / 贴图浏览器"对话框中双击"标准"类型，如图 7.99 所示，即进入标准材质编辑面板，在该面板中设置 1 号子对象的"漫反射"颜色为红色，同时修改"高光级别"和"光泽度"参数，如图 7.100 所示，完成 1 号子对象材质的编辑，单击"转到父对象"按钮，回到如图 7.98 所示的界面，用同样的方法，编辑 2 ～ 5 号子对象材质，编辑完成后的效果如图 7.101 所示。

在场景中选择长方体对象，将编辑好的多维 / 子对象材质指定给它，效果如图 7.102 所示。

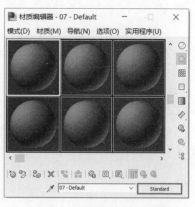

图 7.93 单击 Standard 按钮

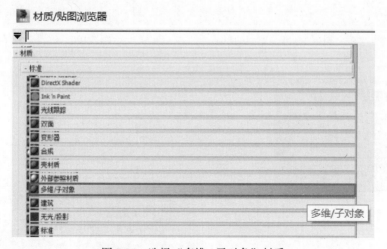

图 7.94 选择"多维 / 子对象"材质

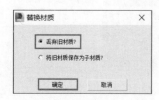

图 7.95 "替换材质"对话框

图 7.96 "多维 / 子对象基本参数"卷展栏

图 7.97　设置材质数量

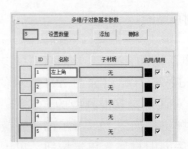

图 7.98　编辑 1 号子对象材质 1

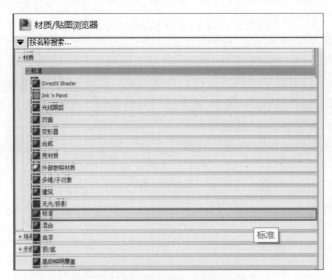

图 7.99　选择"标准"类型的材质

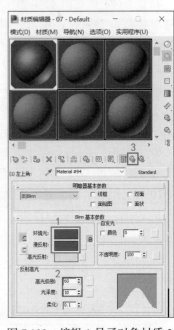

图 7.100　编辑 1 号子对象材质 2

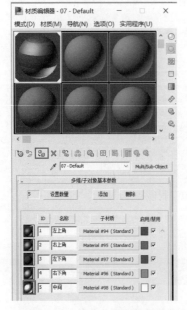

图 7.101　多维 / 子对象材质

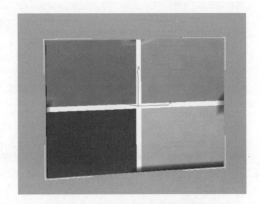

图 7.102　多维 / 子对象材质效果

3. 创建波浪空间扭曲

执行"创建"→"空间扭曲"→"几何 / 可变形"→"波浪"命令，在视图中创建一个波浪对象，设置波浪的"振幅 1"为 20，"振幅 2"为 20，"波长"为 100，如图 7.103 所示。

在前视图中将波浪对象绕 Z 轴旋转 90°，与长方体方向一致，并移动其与长方体基本重合，单击界面上方主工具栏的"绑定到空间扭曲"图标，按住鼠标左键，将长方体拖动至波浪空间扭曲上，释放鼠标，完成绑定操作，效果如图 7.104 所示。

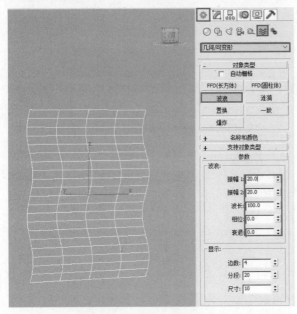

图 7.103 创建波浪对象

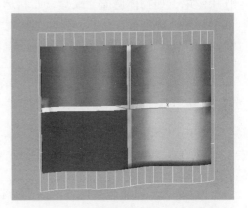

图 7.104 长方体绑定到波浪空间扭曲

4. 设置动画

在动画控制区单击"时间配置"按钮，将动画时间长度调整为 200 帧。单击"自动"按钮，开始动画录制，将第 0 帧、第 100 帧、第 200 帧设置为关键帧，将每个关键帧的相位值分别修改为 0、3、6，同时在每个关键帧对长方体进行适当移动和缩放，让其在屏幕不同位置进行变换，最后再次单击"自动"按钮，完成录制。

5. 渲染输出

按照"2.2 参数动画"中的方法，对动画进行渲染输出，保存为 AVI 格式的文件。

第 8 章

MassFX动力学动画

　　3ds Max 中的动力学系统功能非常强大，可以快速制作出物体与物体之间真实的物理作用效果，如物体碰撞、跌落、布料运动、机械的运作等。3ds Max 中的动力学是根据真实的物理原理进行计算的，因此会实现非常真实的模拟效果。

　　3ds Max 5.0 版本时引入了 Reactor 动力学系统，到 3ds Max 2012 版本时，将 Reactor 动力学系统替换为了新的动力学系统——MassFX。新的 MassFX 动力学动画功能不断加强，且操作简便，可以实时运算，为仿真模拟动画开辟了新的应用领域，使之成为 3ds Max 制作动画不可缺少的组成部分。

8.1　MassFX 基础知识

　　MassFX 工具集包括刚体、模拟布料、约束辅助对象以及碎布玩偶等。在软件中创建的模型对象，都可以通过 MassFX 工具集指定物理属性，如质量、摩擦力和弹力等，模拟生成真实世界中的物理效果。这些模型对象可以是固定的、自由的、连在弹簧上的，或者是使用多种约束连在一起的。

　　MassFX 工具集使用实时模拟窗口进行快速预览、交互测试和播放场景等，大幅缩减了动画制作时间。它具有烘焙动画功能，可以将所有模拟动画烘焙在关键帧上，不必再手动设置动画效果。

8.1.1　MassFX 动力学交互方式

　　软件提供了以下三种交互方式，用以执行 MassFX 动力学命令。

1. 菜单方式

　　在"动画"主菜单中找到 MassFX，然后在其子菜单中找到要执行的命令即可，如图 8.1 所示。

2. 工具栏方式

　　将鼠标放在界面上方主工具栏的空白处，右击，在弹出的快捷菜单中勾选"MassFX 工具栏"复选框，如图 8.2 所示，即可打开如图 8.3 所示的"MassFX 工具栏"。

3. 快捷菜单方式

　　在视图工作区的任何位置按下"Alt+Shift+ 鼠标右键"，即可弹出 MassFX 动力学快捷菜单，里面包含和 MassFX 动力学相关的一些命令，如图 8.4 所示。

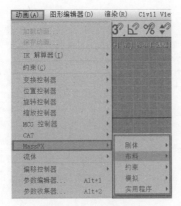

图 8.1　MassFX 菜单

图 8.2　工具栏方式

图 8.3　MassFX 工具栏　　　　　　图 8.4　MassFX 动力学快捷菜单

8.1.2　MassFX 工具栏介绍

MassFX 工具栏如图 8.3 所示，工具栏上的按钮从左到右依照其功能可分为以下三组。

1. "MassFX 工具"对话框

单击 MassFX 工具栏上的第一个按钮，将打开"MassFX 工具"对话框，该对话框上方有 4 个面板，其界面和功能如下。

（1）（"世界参数"）面板：该面板提供用于创建物理效果的全局设置和控件，如图 8.5 所示。

（2）（"模拟工具"）面板：该面板包含用于控制模拟的"播放""重置""烘焙"等按钮，其界面如图 8.6 所示。

（3）（"多对象编辑器"）面板：该面板同时为所有选定对象设置属性，其界面如图 8.7 所示。

（4）（"显示选项"）面板：该面板用于切换物理网格视口显示的控件以及用于调试模拟的可视化工具，其界面如图 8.8 所示。

2. 对象类别

（1）（刚体集合）：刚体是物理模拟中的主要对象，其形状和大小不会更改。

（2）（布料对象）：它可以模拟布料碰撞场景中的其他对象。

（3）（约束辅助对象）：MassFX 约束限制刚体在模拟中的移动。

（4）（碎布玩偶）：碎布玩偶可以将动画角色作为动力学和运动学刚体参与 MassFX 模拟。

图 8.5 "世界参数"面板

图 8.6 "模拟工具"面板

图 8.7 "多对象编辑器"面板

图 8.8 "显示选项"面板

3. MassFX 模拟控件

（1）（重置模拟）：停止模拟，将时间滑块移动到第 1 帧，并将任意动力学刚体的变换设置为其初始变换。

（2）（开始模拟）：从当前帧运行模拟，可以在窗口中生成模拟动画，并推进时间滑块播放动画。如果模拟正在运行，单击此按钮则暂停模拟。

（3）▣（开始没有动画的模拟）：仅运行模拟动画，不移动时间滑块。

（4）▣（逐帧模拟）：运行一个帧的模拟并使时间滑块前进相同量。

8.1.3　MassFX 动力学动画制作流程

MassFX 动力学动画制作流程一般如下。

（1）场景模型搭建。

动画是建立在合理的场景模型制作基础上的，因此首先要进行场景模型搭建。

（2）给模型赋予动力学属性。

将参加 MassFX 动力学动画模拟的刚体赋予不同的动力学属性，如动力学刚体、运动学刚体、静态刚体、布料等。场景中有的物体是要参加动力学计算的，有的则不需要参加，赋予运动学属性的物体才能参加动力学计算。

（3）指定参加运算的物体属性。

参加运算的物体根据大小比例、模拟真实场景等要求，会有不同的物体属性（重量、弹力、摩擦力），这些物体属性决定动画计算的最终结果。

（4）进行动力学动画预演。

在正式生成动画之前，对动画效果进行预演，发现问题可及时修改，修改后再次预演，直到满意为止。

（5）设置动画输出的时间范围。

不管时间线有多长，系统默认动力学的输出范围都是 0 ～ 100 帧，如果需要模拟的动画不在这个范围内，就需要修改。

（6）模拟烘焙正式动画输出。

要渲染 MassFX 模拟的结果，或者要手动扭曲模拟的外表，则需要烘焙。烘焙可以创建动力学对象的标准关键帧动画，并将它们转换为运动学对象。

8.2　刚体

刚体是 MassFX 模拟的基本构建块，是动力学物体中最常见的组成部分。可以使用 MassFX 中的刚体，模拟其外形不会改变或变形很小的任何真实对象，如砖块、木头、汽车等。

可以使用 3ds Max 场景中的任何几何体创建刚体。MassFX 随后会让用户指定各个实体在模拟中所应该拥有的属性，如质量、摩擦，以及该实体是否可与其他刚体碰撞，还可以使用诸如转枢和弹簧之类的约束，限制刚体在模拟中可能出现的移动。

8.2.1　刚体常用参数

1. 刚体面板参数

MassFX 模拟的刚体包括动力学刚体、运动学刚体和静态刚体。为便于操作，在工具栏的刚体弹出按钮上可以进行选择，如图 8.9 所示，在选择刚体之后仍可以修改刚体的类型。

图 8.9　刚体面板参数

（1）动力学刚体。动力学刚体与真实世界中的对象一样，受重力和其他力的作用，可以撞击其他对象，同时也被这些对象所影响。工具栏中的设置可以模拟模型对象的物理网格效果，其中凹面物理网格不能用于动力学刚体。

（2）运动学刚体。运动学刚体不会受重力的影响，它可以推动场景中的任意动力学对象，但不能被其他对象所影响。

（3）静态刚体。静态刚体与运动学刚体类似，但是不能设置动画。静态刚体有助于优化性能，也可使用凹面网格。

2. 刚体卷展栏参数

在视图中创建一个简单的基本体，如球体，用 8.1.1 节中所介绍的快捷菜单方式，将球体"转换为动力学刚体"，然后打开"修改"命令面板，会看到如图 8.10 所示的刚体命令卷展栏，共有 6 个，分别为"刚体属性""物理材质""物理图形""物理网格参数""力""高级"。

下面将对常用的参数逐一介绍。

1）"刚体属性"卷展栏

"刚体属性"卷展栏如图 8.11 所示，常用参数如下。

图 8.10 刚体命令卷展栏   图 8.11 "刚体属性"卷展栏

（1）刚体类型：可以指定所选刚体的类型，可用选择包括"动力学""运动学"和"静态"。

（2）直到帧：启用此选项，MassFX 会在指定帧处将选定的运动学刚体转换为动力学刚体，仅在"刚体类型"设置为"运动学"时可用。

（3）烘焙 / 撤销烘焙：将选定刚体的模拟动画转换为标准动画关键帧，以便进行渲染，仅用于动力学刚体。按钮显示为"撤销烘焙"时，单击该按钮可以移除关键帧并使刚体恢复为动力学状态。

（4）使用高速碰撞：用于启用连续的碰撞检测。启用后，碰撞检测将应用于选定刚体。

（5）在睡眠模式下启动：勾选该复选框后，在受到未处于睡眠状态的刚体碰撞之前，该刚体不会移动。

（6）与刚体碰撞：勾选此复选框时，选定的刚体将与场景中的其他刚体发生碰撞。

2）"物理材质"卷展栏

"物理材质"卷展栏如图 8.12 所示。

"物理材质"属性控制刚体在模拟场景中的属性，包括质量、摩擦力、反弹力等。每个物体可以设置一种材质属性，或者可以使用预设值来模拟真实世界的物体。

（1）网格：在下拉列表中可以选择要更改材质参数的刚体物理网格，默认情况下为"对象"。

（2）预设值：从图 8.13 所示的下拉列表中选择一个预设，以指定所有的物理材质属性。

图 8.12　"物理材质"卷展栏

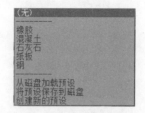

图 8.13　"预设值"下拉列表

（3）密度：设置选定刚体的密度，度量单位为 g/cm³（克每立方厘米）。根据对象的体积，更改此值将自动计算对象的正确质量。

（4）质量：设置选定刚体的重量，度量单位为 kg（千克）。根据对象的体积，更改此值将自动更新对象的密度。

（5）静摩擦力：两个刚体互相滑动的难度系数。值为 0.0 表示无摩擦力，值为 1.0 表示完全摩擦力。

（6）动摩擦力：两个刚体保持互相滑动的难度系数。值为 0.0 表示无摩擦力，值为 1.0 表示完全摩擦力。在真实世界中，此值应小于静摩擦力。

（7）反弹力：对象撞击到其他刚体时反弹的程度和高度。值为 0.0 表示无反弹，值为 1.0 表示对象的反弹力度与撞击其他对象的力度一样。

3）"物理图形"卷展栏

"物理图形"卷展栏如图 8.14 所示。该卷展栏可以编辑模拟对象的物理图形，运行模拟时，MassFX 使用指定的物理图形表示对象的真实状态。

（1）"修改图形"选项组：该选项组中的各控件可用以添加、删除、复制、粘贴、镜像以及重命名图形等操作。其中，"重新生成选定对象"按钮用于使物理图形重新适应编辑后的图形网格。

（2）图形类型：指定选定刚体物理图形的类型。可用类型为"球体""长方体""胶囊""凹面""凸面"和"自定义"等。其中，"球体""长方体"和"自定义"是 MassFX 基本体，模拟速度比其他类型更快。为了获得最佳性能，尽可能使用最简单的类型。通常，更改图形类型会生成选定类型的新物理图形，其大小会自动调整以适合图形网格。

（3）图形元素：使"图形元素"下拉列表中选择的图形匹配"图形元素"下拉列表中选择的元素。

（4）转换为自定义图形：单击该按钮时，在场景中创建一个新的可编辑网格对象，并将物理图形类型设置为"自定义"。可以使用标准网格编辑工具调整网格，然后相应地更新物理图形。

（5）覆盖物理材质：默认情况下，刚体的物理图形使用"物理材质"卷展栏上设置的材质参数。如果刚体结构复杂，需要为某些物理图形使用不同的设置时，可启用此选项。

（6）显示明暗处理外壳：启用该选项时，将物理图形作为明暗处理视口中的明暗处理实体对象进行渲染。

4）"物理网格参数"卷展栏

"物理网格参数"卷展栏的内容会根据"图形类型"不同而有所不同，图 8.15 是"图形类型"为"凹面"时的参数面板，该面板上的参数用以调整网格细节等参数。

图 8.14　"物理图形"卷展栏　　　图 8.15　"物理网格参数"卷展栏

5）"力"卷展栏

使用"力"卷展栏将"力"空间扭曲应用到刚体，其面板如图 8.16 所示。

（1）使用世界重力：启用此选项时，刚体将使用全局重力设置；禁用此选项时，刚体仅使用此处应用的力。

（2）应用的场景力：列出场景中影响对象的"力"空间扭曲。

（3）添加：将场景中的"力"空间扭曲应用到对象。

（4）移除：将场景中的影响对象的"力"空间扭曲删除。

6）"高级"卷展栏

"高级"卷展栏比较长，内容较多，图 8.17 所示仅为其局部，由于应用较少，在此不再介绍。

图 8.16　"力"卷展栏　　　图 8.17　"高级"卷展栏（局部）

8.2.2　刚体实例演练：木箱掉落

本例中，创建几个长方体和地面对象，将其分别设置为动力学刚体、运动学刚体和静态刚体，用以模拟受到外力作用时木箱掉落的动画效果，如图8.18所示。

图8.18　木箱掉落的动画效果

1.　模型创建

在视图中创建6个大小一样的长方体，其长、宽、高均为100，将其命名为"小木箱"；创建一个稍大一点的长方体，其长、宽、高均为120，命名为"大木箱"；创建一个长方体，其"长度"和"宽度"均为2000，"高度"为10，命名为"地面"。调整以上长方体的位置，模型效果如图8.19所示。

图8.19　创建模型

2.　材质贴图

打开材质编辑器，选择三个样本球，分别命名为"地面""小木箱""大木箱"，为其分别指定三种不同的贴图，如图8.20所示，将其分别赋予场景中的对象，渲染效果如图8.21所示。

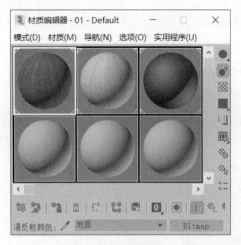

图 8.20　编辑材质

图 8.21　材质贴图效果

3. 动画制作

1）指定动力学刚体

在视图中选择 6 个小木箱，然后在"MassFX 工具栏"中单击"将选定项设置为动力学刚体"按钮，如图 8.22 所示，将选择的 6 个小木箱设置为"动力学刚体"。

接着在"MassFX 工具栏"中打开"多对象编辑器"面板，在"刚体属性"卷展栏中勾选"在睡眠模式中启动"复选框，在"物理材质属性"卷展栏中设置"密度"为 1.0，如图 8.23 所示。

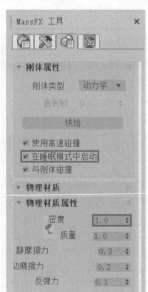

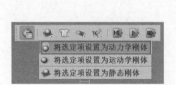

图 8.22　指定动力学刚体

图 8.23　多对象编辑器

2）指定运动学刚体

在视图中选择"大木箱"对象，然后在"MassFX 工具栏"中单击"将选定项设置为运动学刚体"按钮，如图 8.24 所示，将选择的"大木箱"对象设置为"运动学刚体"。

进入"修改"命令面板，在"刚体属性"卷展栏中勾选"直到帧"复选框，并设置其数值为 11；在"物理材质"卷展栏中设置"密度"值为 10.0，"动摩擦力"和"反弹力"值都为 0.0，如图 8.25 所示。

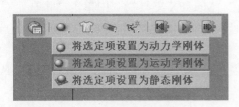

图 8.24　指定运动学刚体　　　　　　图 8.25　编辑刚体参数

3）指定静态刚体

在视图中选择"地面"对象，然后在"MassFX 工具栏"中单击"将选定项设置为静态刚体"按钮，如图 8.26 所示，将选择的"地面"对象设置为"静态刚体"。

图 8.26　指定静态刚体

4）开始模拟

刚体及参数设置完成后，在"MassFX 工具栏"中单击"开始模拟"按钮，观察动力学效果，如图 8.27 所示。

5）烘焙所有

如果对模拟效果满意，则在"MassFX 工具"对话框中单击"烘焙所有"按钮，对当前的动画进行烘焙输出，如图 8.28 所示。

图 8.27　模拟效果　　　　　　　　图 8.28　烘焙所有

6）渲染视图

烘焙完成后，单击"播放动画"按钮，即可观察到动画效果，选择第 100 帧进行渲染，效果如图 8.18 所示。

8.3 布料

布料系统也是 MassFX 动力学工具的一个重要组成部分，使用布料系统可以模拟真实世界中布的运动效果，同时布料对象也会受"力"空间扭曲的影响，可能会在"力"的作用下产生撕裂的效果。

MassFX 中的布料对象是二维的可变形实体。可以利用布料对象模拟旗帜、窗帘、衣服和横幅，甚至模拟类似纸张和金属片的材质。

8.3.1 布料常用参数

在视图中创建一个"平面"对象，在"MassFX 工具栏"中单击"将选定对象设置为 mCloth 对象"，如图 8.29 所示，此时"修改"命令面板将出现如图 8.30 所示的 mCloth 参数面板。

mCloth 参数面板共包含 9 个参数卷展栏，参数众多，下面将介绍常用的一些参数。

1. "mCloth 模拟"卷展栏

"mCloth 模拟"卷展栏如图 8.31 所示。

图 8.29　设置布料对象　　图 8.30　mCloth 参数面板　　图 8.31　"mCloth 模拟"卷展栏

（1）布料行为（动态）：mCloth 对象的运动影响模拟中其他对象的运动，也受这些对象运动的影响。

（2）布料行为（运动学）：mCloth 对象的运动影响模拟中其他对象的运动，但不受这些对象运动的影响。

（3）直到帧：启用时，MassFX 会在指定帧处将选定的运动学布料转换为动力学布料。

（4）烘焙 / 撤销烘焙："烘焙"可以将 mCloth 对象的模拟运动转换为标准动画关键帧以进行渲染，仅适用于动力学 mCloth 对象。烘焙后，可使用"撤销烘焙"功能移除关键帧并将布料还原到动力学状态。

（5）继承速度：启用时，mCloth 对象可通过使用动画从堆栈中的 mCloth 对象下面开始模拟。

（6）动态拖动：不使用动画即可模拟，且允许拖动 Cloth 以设置其姿势或测试行为。

2. "捕获状态"卷展栏

"捕获状态"卷展栏如图 8.32 所示。

（1）捕捉初始状态：将所选 mCloth 对象缓存的第一帧更新到当前位置。

（2）重置初始状态：将所选 mCloth 对象的状态还原为应用 mCloth 之前的状态。

（3）捕捉目标状态：抓取 mCloth 对象的当前变形，并使用该网格来定义三角形之间的目标弯曲角度。

（4）重置目标状态：将默认弯曲角度重置为堆栈中 mCloth 下面的网格。

（5）显示：显示 mCloth 的当前目标状态，即所需的弯曲角度。

3. "纺织品物理特性"卷展栏

"纺织品物理特性"卷展栏如图 8.33 所示。

（1）加载：单击该按钮可打开"mCloth 预设"对话框，用于从保存的文件中加载纺织品物理特性设置。

（2）保存：单击该按钮可打开一个小对话框，用于将纺织品物理特性设置保存到预设文件。

（3）重力比：重力的倍增系数，适用于全局重力启用状态，使用此选项可以模拟湿布料或重布料效果。

（4）密度：布料的权重，单位为克每平方厘米。

（5）延展性：拉伸布料的难易程度。

（6）弯曲度：折叠布料的难易程度。

（7）使用正交弯曲：计算弯曲角度，而不是弹力。在某些情况下，该方法更准确，但模拟时间更长。

（8）阻尼：类似于布料的弹性，影响在摆动或捕捉后其还原到基准位置所经历的时间。

（9）摩擦力：布料在其与自身或其他对象碰撞时抵制滑动的程度。

（10）限制：布料边可以压缩或折皱的程度。

（11）刚度：布料边抵制压缩或折皱的程度。

4. "体积特性"卷展栏

"体积特性"卷展栏如图 8.34 所示。

图 8.32 "捕获状态"卷展栏　　图 8.33 "纺织品物理特性"卷展栏

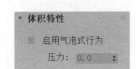

图 8.34 "体积特性"卷展栏

默认情况下，mCloth 对象的行为类似于二维布料。但是，通过"启用气泡式行为"选项，可以使该对象具有体积效果。

（1）启用气泡式行为：模拟封闭体积，如轮胎或垫子。

（2）压力：充气布料对象的空气体积或坚固性。

5."交互"卷展栏

"交互"卷展栏如图 8.35 所示。

（1）自相碰撞：启用时，mCloth 对象将尝试阻止自相交。

自厚度：用于自碰撞的 mCloth 对象的厚度。如果布料自相交，则尝试增加该值。

（2）刚体碰撞：启用时，mCloth 对象可以与模拟中的刚体碰撞。

厚度：与模拟中的刚体碰撞的 mCloth 对象的厚度。如果其他刚体与布料相交，则尝试增加该值。

（3）推刚体：启用时，mCloth 对象可以影响与其碰撞的刚体的运动。

推力：mCloth 对象对与其碰撞的刚体施加的推力的强度。

（4）附加到碰撞对象：启用时，mCloth 对象会黏附到与其碰撞的对象上。

• 影响：mCloth 对象对其附加到的对象的影响。

• 分离后：与碰撞对象分离前 mCloth 的拉伸量。

（5）高速精度：启用时，mCloth 对象将使用更准确的碰撞检测方法，但这样会降低模拟速度。

6."撕裂"卷展栏

"撕裂"卷展栏如图 8.36 所示。这些控件提供对 mCloth 对象中撕裂的全局控制。

（1）允许撕裂：启用时，布料将在受到充足力的作用时撕裂。

撕裂后：布料边在撕裂前可以拉伸的量。

（2）撕裂之前焊接：选择在出现撕裂之前 MassFX 如何处理预定义撕裂。

• 顶点：顶点分割前在预定义撕裂中焊接顶点。

• 法线：沿预定义的撕裂对齐边上的法线，将二者混合在一起。

• 不焊接：不对撕裂边执行焊接或混合。

7."可视化"卷展栏

"可视化"卷展栏如图 8.37 所示。

图 8.35 "交互"卷展栏

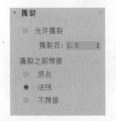

图 8.36 "撕裂"卷展栏

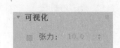

图 8.37 "可视化"卷展栏

张力：启用时，通过顶点着色的方法显示布料的压缩和张力。拉伸的布料以红色表示，压缩的布料以蓝色表示，其他以绿色表示。

8.3.2　布料实例演练：桌布效果

本例中，创建桌子和桌面模型，将桌子设置为动力学刚体，将桌面设置为布料对象，用以模拟桌布从空中落下的动画效果，如图8.38所示。

图8.38　桌布效果

1. 模型创建

1）创建桌布模型

执行"平面"命令，在视图中创建一个平面，设置其"长度"为1100mm，"宽度"为1800mm，"长度分段"和"宽度分段"均为30，如图8.39所示。

2）创建桌子模型

执行"创建"→"基本体"→"扩展基本体"→"切角长方体"命令，在视图中创建一个切角长方体作为桌面，设置其"长度"为700mm，"宽度"为1400mm，"高度"为20mm，"圆角"为10mm，如图8.40所示。

同上执行"切角长方体"命令，在视图中创建一个切角长方体作为桌腿，设置其"长度"为40mm，"宽度"为40mm，"高度"为750mm，"圆角"为3mm，如图8.41所示。给桌腿模型施加一个"锥化"修改器，设置其"数量"为0.4，如图8.42所示。

图8.39　桌布参数　　　　图8.40　桌面参数　　　　图8.41　桌腿参数

将桌面与桌腿进行对齐，并复制其他三条桌腿，模型效果如图8.43所示。

图 8.42　桌腿锥化参数

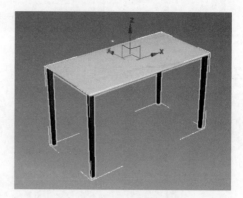

图 8.43　桌子模型效果

2. 材质贴图

打开材质编辑器，选择第一个样本球，命名为"桌面"，为其指定一幅贴图；选择第二个样本球，命名为"桌腿"，为其指定一幅贴图；选择第三个样本球，命名为"桌布"，为其指定一幅贴图，如图 8.44 所示。将编辑好的材质贴图分别赋予场景中的相应对象，效果如图 8.45 所示。

将桌面与桌腿通过布尔并运算合并为一体。将桌布中心与桌面中心对齐，桌布放在桌面上方适当位置，以便后续的动画操作。

图 8.44　编辑材质贴图

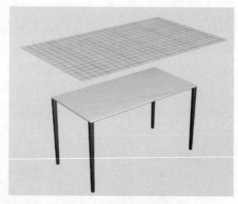

图 8.45　材质贴图效果

3. 动画制作

1）布料效果

选择桌布对象，在"MassFX 工具栏"中单击"将选定对象设置为 mCloth 对象"，如图 8.46 所示；然后在命令面板中调整 mCloth 的相关参数，在"纺织品物理特性"卷展栏中，设置"重力比"为 0.1，"密度"为 5.0，"延展性"为 1.0，"弯曲度"为 1.0，"阻尼"为 0.1，如图 8.47 所示；在"交互"卷展栏中，设置"自厚度"为 0.0，刚体碰撞"厚度"为 1.0，如图 8.48 所示。

图 8.46 设置布料效果　　图 8.47 设置布料参数 1　　图 8.48 设置布料参数 2

2）刚体效果

选择桌子对象，在"MassFX 工具栏"中单击"将选定项设置为动力学刚体"，如图 8.49 所示；然后在命令面板的"刚体属性"卷展栏中勾选"在睡眠模式下启动"复选框，如图 8.50 所示。

图 8.49 设置刚体效果　　　　　图 8.50 设置刚体参数

3）动画模拟和烘焙

在图 8.51 所示的"MassFX 工具"对话框中单击"开始模拟"按钮，桌布开始从空中落下，掉落到桌子上。如果觉得效果满意，则单击"烘焙所有"按钮，烘焙完成后单击"播放动画"按钮观看动画效果，图 8.52 是第 60 帧时的动画效果。

图 8.51 动画输出

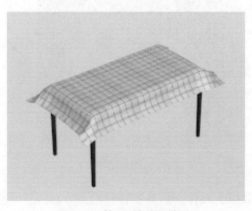

图 8.52 第 60 帧动画效果

8.4 约束辅助对象

8.4.1 约束辅助对象简介

MassFX 的约束辅助对象可以限制刚体在模拟中的移动，其约束类型如图 8.53 所示。现实世界中的一些约束示例包括转枢、钉子、索道和轴等。

图 8.53 约束辅助对象类别

约束辅助对象可以将两个刚体连接在一起，也可以将单个刚体固定到全局空间。约束组成了一个层次关系：子对象必须是动力学刚体，而父对象可以是动力学刚体、运动学刚体或为空（固定到全局空间）。

大多数约束辅助对象会连接两个刚体，将子对象刚体连接到父对象刚体上，并沿着父对象移动和旋转。

8.4.2 约束辅助对象界面

在视图中任意创建一个基本体，如茶壶，在"MassFX 工具栏"中单击"创建刚体约束"按钮，如图 8.54 所示，接着会弹出一个如图 8.55 所示的提示对话框，在该对话框中单击"是"按钮之后，在视图中茶壶对象上即出现一个刚体约束的图标，如图 8.56 所示，移动鼠标至图标大小合适时，单击确定，此时在"修改"命令面板即出现了该刚体约束的参数面板，如图 8.57 所示。

以下以刚体约束为例介绍参数面板，其他几种如滑块约束、转枢约束、扭曲约束、通用约束、球和套管约束的参数面板与刚体约束面板相同，区别在于约束的类型不同。

图 8.55 提示对话框

图 8.54 单击"创建刚体约束"按钮

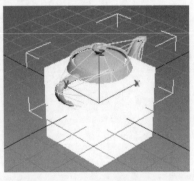

图 8.56 创建刚体约束

图 8.57 刚体约束的参数面板

该面板上共有 5 个参数卷展栏，分别为"常规""平移限制""摆动和扭曲限制""弹力""高级"。下面将介绍一些主要参数。

1．"常规"卷展栏

"常规"卷展栏如图 8.58 所示。

1）"连接"选项组

将约束指定给刚体，既可以指定给父对象和子对象，也可以仅指定给子对象。其中，父对象可以是动力学或运动学刚体；子对象必须为动力学刚体。如果同时指定父对象和子对象，则父对象的运动将受约束影响，子对象的运动将受父对象运动和约束的影响；如果仅指定子对象，则子对象将受约束的影响。

（1）父对象：设置约束的父对象刚体。父对象可以是动力学或运动学刚体，但不能是静态刚体。

- ×（删除）：单击该按钮删除父对象。当父对象被取消时，约束会锚定到全局空间。
- （移动到父对象的轴）：将约束设置在父对象的轴上。
- （切换父/子对象）：反转父子关系。

（2）子对象：设置约束的子对象刚体。子对象仅可以是动力学刚体，不能是运动学或静态刚体。

- ×（删除）：单击该按钮删除子对象，但这将导致约束无效。
- （移动到子对象的轴）：将约束设置在子对象的轴上。

2）"行为"选项组

（1）约束行为：受约束实体是通过"使用加速度"还是"使用力"来确定约束行为。

（2）约束限制：约束会根据"硬限制"或"软限制"设置来采取限制行动。

- 硬限制：当子对象刚体到达运动范围的边界时，将根据确定的"反弹"值反弹回来。
- 软限制：当子对象刚体到达运动范围的边界时，将激活"弹簧"和"阻尼"来减慢子对象或应用力以使其返回限制范围内。

3）图标大小

在视口中绘制约束辅助对象的大小。

2．"平移限制"卷展栏

"平移限制"卷展栏如图 8.59 所示，使用这些设置可以指定受约束子对象线性运动的允许范围。

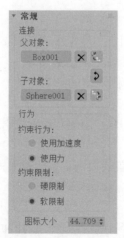

图 8.58　"常规"卷展栏

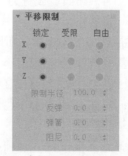

图 8.59　"平移限制"卷展栏

（1）X/Y/Z：为每个轴选择沿轴约束运动的方式。

• 锁定：防止刚体沿此局部轴移动。

• 受限：允许对象按"限制半径"大小沿局部轴移动。

• 自由：刚体沿着各自轴的运动是不受限制的。

（2）限制半径：父对象和子对象可以从其"初始偏移"偏离到受限轴的距离。

（3）反弹：碰撞时对象偏离限制而反弹的程度。值为 0.0 表示没有反弹，而值为 1.0 表示完全反弹。

（4）弹簧：在超限情况下将对象拉回限制点的"弹簧"强度。较小的值表示低弹簧力，较大的值会随着力增加将对象拉回到限制。

（5）阻尼：对于任何受限轴，在平移超出限制时它们所受的移动阻力数量。

3．"摆动和扭曲限制"卷展栏

"摆动和扭曲限制"卷展栏如图 8.60 示，使用这些设置可以指定受约束子对象的运动角度的允许范围。

1）"摆动 Y"和"摆动 Z"选项组

"摆动 Y"和"摆动 Z"分别表示围绕约束的局部 Y 轴和 Z 轴旋转。

• 锁定：防止父对象和子对象围绕约束的各自轴旋转。

• 受限：允许父对象和子对象围绕轴的中心旋转固定数量的度数。

• 自由：允许父对象和子对象围绕轴的局部轴无限制旋转。

（1）角度限制：当"摆动"设置为"受限"时，允许离开中心旋转的度数。此数值应用到两侧，因此总的运动范围是该值的两倍。

（2）反弹：当"摆动"设置为"受限"时，碰撞时对象偏离限制而反弹的程度。值为 0.0 表示没有反弹，而值为 1.0 表示完全反弹。

（3）弹簧：在超限情况下将对象拉回限制点的"弹簧"强度。较小的值表示低弹簧力，较大的值将对象拉回到限制。

（4）阻尼：当"摆动"设置为"受限"且超出限制时，对象在限制以外所受的旋转阻力数量。

2）"扭曲"选项组

扭曲是指围绕约束的局部 X 轴旋转。

（1）锁定：防止父对象和子对象围绕约束的局部 X 轴旋转。

（2）受限：允许父对象和子对象围绕局部 X 轴在固定角度范围内旋转。

（3）自由：允许父对象和子对象围绕约束的局部 X 轴无限制旋转。

（4）限制：当"扭曲"设置为"受限"时，左右两侧限制的绝对度数。

4．"弹力"卷展栏

"弹力"卷展栏如图 8.61 示，在该卷展栏中，"弹性"和"阻尼"设置控制着约束的效果。

1）"弹到基准位置"选项组

（1）弹性：将父对象和子对象拉回到其初始偏移位置的力量。数值越大，弹簧力越强。

（2）阻尼：弹性不为零时用于限制弹性的阻力，这会减弱弹簧的效果。

2）"弹到基准摆动"选项组

类似于"弹到基准位置"选项组，但将对象拉回到其围绕局部 Y 轴和 Z 轴的初始旋转偏移。

3）"弹到基准扭曲"选项组

类似于"弹到基准摆动"选项组，但将对象拉回到其围绕局部 X 轴的初始旋转偏移。

5. "高级"卷展栏

"高级"卷展栏如图 8.62 示。

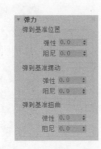

图 8.60　"摆动和扭曲限制"卷展栏　　图 8.61　"弹力"卷展栏　　图 8.62　"高级"卷展栏

1）父 / 子碰撞

禁用此选项时，由约束所连接的父刚体和子刚体将无法想到碰撞；启用此选项时，可以使两个刚体发生碰撞，并对其他刚体做出反应。

2）"可断开约束"选项组

可断开：启用此选项时，在模拟阶段可能会破坏约束。

• 最大力：如果线性力的大小超过该值，将断开约束。

• 最大扭矩：如果扭曲力的数量超过该值，将断开约束。

3）"投影"选项组

（1）投影类型：父对象和子对象违反约束的限制时，需要选择投影方法并设置相应的值。

• 无投影：不执行投影。

• 仅线性（较快）；投影线性距离，需要设置"距离"值。

• 线性和角度：执行线性投影和角度投影，需要设置"距离"和"角度"值。

（2）投影设置：用于设置投影的距离和角度。

• 距离：必须超过约束冲突的最小距离，投影才能生效，低于此距离将不会使用投影。

• 角度：必须超过约束冲突的最小角度，投影才能生效，低于该角度将不会使用投影。

8.5　碎布玩偶

碎布玩偶辅助对象是 MassFX 的一个重要组件，可让动画角色作为动力学和运动学刚体参与到模拟中。动画角色可以是骨骼系统或 Biped 骨骼，以及使用蒙皮的关联网格模型等。

碎布玩偶包含一组由约束连接的刚体，这些刚体是使用"创建碎布玩偶"命令时MassFX自动创建的。它将角色的每个骨骼都赋予一个"刚体"修改器，而每对连接的骨骼都将获得一个约束。因此，可以使用碎布玩偶辅助对象来设定角色的全局模拟参数。若要调整刚体和约束，则需要逐个选择它们，然后使用相应控件。

8.5.1　碎布玩偶参数

以下将介绍碎布玩偶的参数面板，在此之前，先在场景中创建碎布玩偶。

执行"创建"→"系统"→Biped命令，在视图中创建一个Biped，"躯干类型"选择"男性"。选择创建的Biped，在"MassFX工具栏"中单击"创建动力学碎布玩偶"，如图8.63所示，此时在视图中出现一个碎布玩偶图标，同时"修改"命令面板显示出碎布玩偶的参数卷展栏，如图8.64所示。

图8.63　MassFX工具栏　　　　　　图8.64　创建动力学碎布玩偶

碎布玩偶的参数面板共包括5个参数卷展栏，分别为"常规""设置""骨骼属性""碎布玩偶属性""碎布玩偶工具"。

1."常规"卷展栏

"常规"卷展栏如图8.65所示，它包含与显示相关的碎布玩偶设置。

（1）显示图标：切换碎布玩偶对象的显示图标。碎布玩偶图标始终朝向视点。它在场景中将保持静止，但可以将其移动到任意位置。

图标大小：设置图标的显示大小。

（2）显示骨骼：切换骨骼物理图形的显示。

（3）显示约束：切换连接刚体的约束的显示。这些约束确定模拟中碎布玩偶角色的关节行为。

比例：约束的显示大小。增加此值可以更容易地在视口中选择约束。

2."设置"卷展栏

"设置"卷展栏如图8.66所示。

1）"碎布玩偶类型"选项组

确定碎布玩偶如何参与模拟。

（1）动力学：碎布玩偶运动影响模拟中其他对象，并受其他对象的影响。

（2）运动学：碎布玩偶运动影响模拟中其他对象，但不受其他对象的影响。

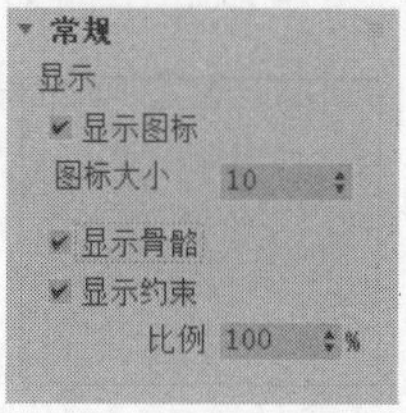

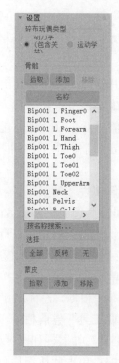

图 8.66 "设置"卷展栏

图 8.65 "常规"卷展栏

2）"骨骼"选项组

（1）拾取：单击此按钮后，单击角色中尚未与碎布玩偶关联的骨骼，会对每个已添加的骨骼应用 MassFX 刚体修改器。

（2）添加：单击此按钮将打开"选择骨骼"对话框，列出角色中尚未与碎布玩偶关联的所有骨骼，并对每个已添加的骨骼应用 MassFX 刚体修改器。

（3）移除：取消骨骼列表中选择的骨骼与碎布玩偶的关联。从每个已取消关联的骨骼中删除 MassFX 刚体修改器，但不删除或修改骨骼本身。

（4）名称：列出碎布玩偶中的所有骨骼。

（5）按名称搜索：单击此按钮，在打开的对话框中输入搜索文本可选择匹配的项目。

3）"选择"选项组

（1）全部：单击此按钮可选择所有列表条目。

（2）反转：单击此按钮可选择所有未选择的列表条目，并从选择的列表条目中删除选择。

（3）无：单击此按钮可从所有列表条目中删除选择。

4）"蒙皮"选项组

使用这些控件可添加和删除与碎布玩偶使用相同骨骼的蒙皮网格。

（1）拾取：单击此按钮可从视口中拾取蒙皮模型。

（2）添加：用于从应用了"蒙皮"修改器的场景中添加网格。

（3）移除：从碎布玩偶中删除选择的蒙皮网格。

3. "骨骼属性"卷展栏

"骨骼属性"卷展栏如图 8.67 所示。使用这些设置可指定 MassFX 如何将物理图形应用到碎布玩偶组件。

（1）源：确定图形的大小。下拉列表中包括骨骼和最大网格数两个选项。

（2）图形：指定用于选择的骨骼物理图形类型。下拉列表中包括胶囊、球体和凸面外壳三个选项。

- 膨胀：展开物理图形使其超出顶点或骨骼。可使用负值。
- 权重：在确定每个骨骼要包含的顶点时，与"蒙皮"修改器中的权重值相关的截止权重。此值越低，每个骨骼包含的顶点就越多。

（3）更新选定骨骼：为下拉列表中选择的骨骼应用所有更改后的设置，然后重新生成其物理图形。

4. "碎布玩偶属性"卷展栏

"碎布玩偶属性"卷展栏如图 8.68 所示。

（1）使用默认质量：启用后，碎布玩偶中每个骨骼的质量为刚体中定义的质量。

- 总体质量：整个碎布玩偶的模拟质量，计算结果为碎布玩偶中所有刚体的质量之和。
- 分布率：单击"重新分布"按钮时，此值将决定相邻刚体之间的最大质量分布率。

（2）重新分布：根据"总体质量"和"分布率"的值，重新计算碎布玩偶刚体的质量。

5. "碎布玩偶工具"卷展栏

"碎布玩偶工具"卷展栏如图 8.69 所示。

更新所有骨骼：单击此按钮后可将更改后的设置应用到整个碎布玩偶。

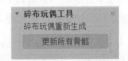

图 8.67 "骨骼属性"卷展栏　　图 8.68 "碎布玩偶属性"卷展栏　　图 8.69 "碎布玩偶工具"卷展栏

8.5.2 碎布玩偶动画

在命令面板设置相关参数后，在"MassFX 工具栏"中单击"开始模拟"按钮，在场景中会看到碎布玩偶的动画效果，如图 8.70 所示。如果对效果满意，在"MassFX 工具"对话框中单击"烘焙所有"按钮，将动画输出为关键帧，单击"播放动画"按钮即可播放。

图 8.70 碎布玩偶动画效果

第 9 章

环境与特效动画

环境对场景的氛围具有至关重要的作用。一幅优秀的动画作品，不仅要有精细的模型、真实的材质和合理的动画及渲染设置，同时还要有符合当前场景的背景和大气环境效果，只有这样，才能烘托出场景的气氛。

3ds Max 中的环境设置不仅可以任意改变背景的颜色与图案，还能为场景添加云、雾、火、体积雾、体积光等环境效果，将各项功能配合使用，可以创建更复杂的视觉特效。

9.1 "环境和效果"编辑器

3ds Max 中环境和特效设置是在"环境和效果"编辑器中进行的。执行"渲染"→"环境"或"效果"命令，如图 9.1 所示，均可打开如图 9.2 所示的"环境和效果"对话框。

图 9.1 执行"环境"命令

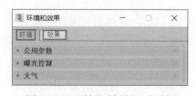

图 9.2 "环境和效果"对话框

该对话框包括"环境"和"效果"两个选项卡。下面将分别进行介绍。

9.2 "环境"选项卡

"环境和效果"对话框中的"环境"选项卡下包括三个命令卷展栏，分别为"公用参数""曝光控制""大气"，如图 9.2 所示。

9.2.1 "公用参数"卷展栏

"公用参数"卷展栏如图9.3所示，它主要用于设置场景的背景颜色、环境贴图及全局照明。

1. "背景"选项组

（1）颜色：设置场景和背景的颜色。单击下方的色块，在打开的"颜色选择器：背景色"中选择所需的颜色，如图9.4所示。

（2）环境贴图：勾选"使用贴图"复选框后，单击"无"按钮，在打开的"材质／贴图浏览器"对话框中选择一幅贴图。

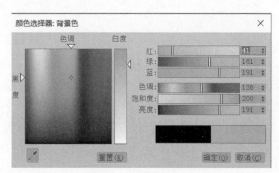

图9.3 "公用参数"卷展栏　　　　　图9.4 颜色选择器

2. "全局照明"选项组

（1）染色：为场景中的所有灯光（环境光除外）染色。单击下方的色块，在打开的"颜色选择器"对话框中选择颜色。

（2）级别：增强场景中的所有灯光。默认为1.0，保持灯光的原始设置。数值越大，照明越强。

（3）环境光：设置环境光的颜色。单击下方的色块，在打开的"颜色选择器"对话框中选择颜色。

9.2.2 "曝光控制"卷展栏

"曝光控制"卷展栏如图9.5所示，它主要用于调整渲染的输出级别和颜色范围。曝光控制可以补偿显示器有限的动态范围。显示器上显示的最亮颜色要比最暗颜色亮大约100倍。曝光控制调整颜色亮度，使其更好地模拟眼睛的大体动态范围，同时使其仍在合适渲染的颜色范围内。

（1）下拉列表：选择要使用的曝光控制，可选项如图9.6所示。默认选项为"找不到位图代理管理器"，指的是没有处于活动状态的曝光控制。"物理摄影机曝光控制"是在物理摄影机渲染高动态范围场景时使用。

（2）活动：勾选该复选框时，在渲染中使用当前曝光控制，否则不使用。

（3）处理背景与环境贴图：勾选该复选框时，场景中的背景贴图会受曝光控制的影响，否则不受影响。

（4）渲染预览：单击该按钮，在预览窗口中会显示出受曝光控制的影响效果。

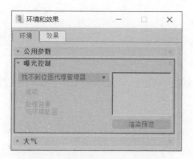

图 9.5 "曝光控制"卷展栏

图 9.6 曝光控制下拉列表

1. 对数曝光控制

在如图 9.6 所示的下拉列表中选择"对数曝光控制"后,对话框下方会出现"对数曝光控制参数"卷展栏,如图 9.7 所示。"对数曝光控制"通过调整亮度、对比度等参数模拟阳光中的室外效果。

(1)亮度:调整颜色的亮度值。

(2)对比度:调整颜色的对比度值。

(3)中间色调:调整中间色的色值范围到更高或更低。

(4)物理比例:用于曝光控制的物理比例,用于非物理灯光。

(5)颜色校正:修正由于灯光颜色影响产生的视角颜色偏移。

(6)降低暗区饱和度级别:通过该复选框,可以模拟环境光线昏暗,眼睛无法分辨色相的视觉效果。

(7)仅影响间接照明:勾选该复选框,曝光控制仅影响间接照明区域。

(8)室外日光:该复选框用于处理 IES Sun 灯光用于场景照明时产生的曝光过度问题。

2. 伪彩色曝光控制

在如图 9.6 所示的下拉列表中选择"伪彩色曝光控制"后,对话框下方会出现"伪彩色曝光控制"卷展栏,如图 9.8 所示。"伪彩色曝光控制"使用不同的颜色来显示场景中的灯光照明强度和效果,红色代表照明过度,蓝色代表照明不足,而绿色代表照明合适。

图 9.7 "对数曝光控制参数"卷展栏

图 9.8 "伪彩色曝光控制"卷展栏

(1)数量:选择所测量的值,包括"照度"和"亮度"。其中,"照度"显示入射光的值;"亮度"显示反射光的值。

(2)样式:选择显示值的方式,包括"彩色"和"灰度"。"彩色"显示从白色到黑色范围的灰色色调。

(3)比例:选择使用映射的方法,包括"对数"和"线性"。其中,"对数"是指使用对数的比例；"线性"是指使用线性的比例。

（4）最小值：设置在渲染中要测量和表示的最低值。小于或等于此值将映射最左端的显示颜色。

（5）最大值：设置在渲染中要测量和表示的最高值。大于或等于此值将映射最右端的显示颜色。

（6）物理比例：设置曝光控制的物理比例。

3．线性曝光控制

在如图9.6所示的下拉列表中选择"线性曝光控制"后，对话框下方会出现"线性曝光控制参数"卷展栏，如图9.9所示。"线性曝光控制"对渲染图像进行采样，计算出场景的平均亮度值并将其转换为RGB值，适合于低动态范围的场景。它的参数类似于下面的"自动曝光控制"。

4．自动曝光控制

在如图9.6所示的下拉列表中选择"自动曝光控制"后，对话框下方会出现"自动曝光控制参数"卷展栏，如图9.10所示。"自动曝光控制"对当前渲染的图像进行采样，创建一个柱状图统计结果，依据采样统计结果对不同的色彩分布进行曝光控制，进而提高场景中的光效亮度。

曝光值：调整渲染的总体亮度，它的范围为 –5 ～ 5。

其他参数含义参见"对数曝光控制"。

图9.9 "线性曝光控制参数"卷展栏　　　图9.10 "自动曝光控制参数"卷展栏

9.2.3 "大气"卷展栏

大气特效可以创建火效果、雾、体积雾、体积光共4种大气效果。如果安装了VRay插件，则还显示有VRay提供的一些特殊效果。在如图9.11所示的"大气"卷展栏中单击"添加"按钮，即可弹出如图9.12所示的"添加大气效果"对话框。大气效果只在透视图或摄影机视图中会被渲染，在正交视图或用户视图中不会被渲染。

图9.11 "大气"卷展栏　　　　　图9.12 "添加大气效果"对话框

1. 火效果

可以制作火焰、烟雾和爆破等动画效果，包括模拟篝火、火炬、烟云和星云等，必须以大气装置为载体才能产生效果，其效果如图 9.13 所示。

打开"环境和效果"对话框，在"大气"卷展栏下添加"火效果"，下方即出现"火效果参数"卷展栏，如图 9.14 所示。

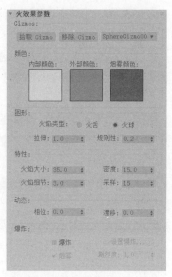

图 9.13　火效果

图 9.14　"火效果参数"卷展栏

1）Gizmos 选项组

（1）拾取 Gizmo：单击此按钮，可以选择大气装置添加到装置列表。

（2）移除 Gizmo：单击此按钮，可以将大气装置移出装置列表。

2）"颜色"选项组

（1）内部颜色：设置效果中最密集的颜色，此颜色代表火焰中温度最高的部分。

（2）外部颜色：设置效果中最稀薄的颜色，此颜色代表火焰中温度最低的部分。

（3）烟雾颜色：设置烟雾的颜色。如果启用"爆炸"选项，内部颜色和外部颜色将变为烟雾颜色。

3）"图形"选项组

（1）火舌：沿着中心创建具有方向的火焰。火焰方向沿着装置的局部 Z 轴，形成类似于篝火的火焰，其效果如图 9.15 所示。

（2）火球：创建圆形的爆炸火焰，适合制作爆炸效果，其效果如图 9.15 所示。

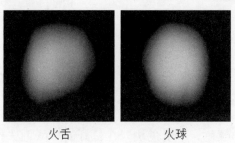

火舌　　　　　火球

图 9.15　火舌和火球

（3）拉伸：将火焰沿着 Z 轴缩放，拉伸为椭圆形状，适合制作火舌效果。

（4）规则性：设置火焰填充的方式，范围为 0 ～ 1。

4）"特性"选项组

（1）火焰大小：设置装置中各个火焰的大小。装置大小会影响火焰的大小，装置越大，需要的火焰也越大。

（2）火焰细节：控制每个火焰中显示的颜色更改量和边缘尖锐度。范围为 0 ～ 10，较低的值可以生成平滑、模糊的火焰；较高的值可以生成清晰的火焰。

（3）密度：设置火焰效果的不透明度和亮度。密度值越小，火焰越稀薄、透明。

（4）采样：设置效果的采样率。值越高，生成的结果越精确，渲染时间也越长。

5）"动态"选项组

（1）相位：设置更改火焰效果的速率。可以设置不同的相位值来表现动画效果。

（2）漂移：设置火焰沿装置 Z 轴的渲染方式。

6）"爆炸"选项组

（1）爆炸：根据相位值自动设置大小、密度和颜色动画。

（2）烟雾：设置爆炸是否产生烟雾。

（3）剧烈度：改变相位参数的涡流效果。

（4）设置爆炸：单击此按钮，弹出设置爆炸相位对话框。输入开始时间和结束时间，设置爆炸动画。

2. 雾

提供雾和烟雾的大气效果，随着与摄影机距离的增加，对象逐渐被雾笼罩，其效果如图 9.16 所示。

3. 体积雾

提供体积雾的效果，雾密度在 3D 空间中不是恒定的，可以形成透气性的云状雾效果，如图 9.17 所示。

图 9.16　雾效果　　　　　　　　　　　图 9.17　体积雾效果

打开"环境和效果"对话框，在"大气"卷展栏下添加"体积雾"，下方即出现"体积雾参数"卷展栏，如图 9.18 所示。

1）"体积"选项组

（1）颜色：设置雾的颜色，单击色块，在打开的"颜色选择器"对话框中选择雾的颜色。

（2）指数：勾选此复选框时，雾效随距离按指数增大密度。不勾选此复选框时，雾效密度随距离线性增大。

（3）密度：控制雾密度，范围为 0 ~ 20。

（4）步长大小：确定雾的采样颗粒和细节。

（5）最大步数：限制采样量。

2）"噪波"选项组

（1）类型：设置体积雾的噪波类型，包括规则、分形和湍流三种。

（2）反转：反转噪波效果。

（3）噪波阈值：限制噪波效果，范围为 0 ~ 1。

（4）均匀性：范围为 –1 ~ 1，值越小，雾越薄，体积越透明。

（5）级别：设置噪波的迭代次数。只有选择"分形"和"湍流"单选按钮，该选项才启用。

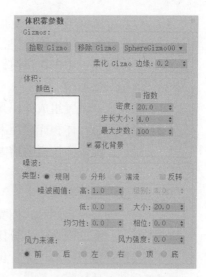

图 9.18 "体积雾参数"卷展栏

（6）大小：确定雾的颗粒大小。

（7）相位：控制雾移动。

（8）风力来源：控制风的来源方向，有 6 个方向可以选择。

（9）风力强度：控制风的强度。

4．体积光

根据灯光与大气（雾、烟雾等）的相互作用提供照明效果，其效果如图 9.19 所示。

打开"环境和效果"对话框，在"大气"卷展栏下添加"体积光"，下方即出现"体积光参数"卷展栏，如图 9.20 所示。

图 9.19 体积光效果

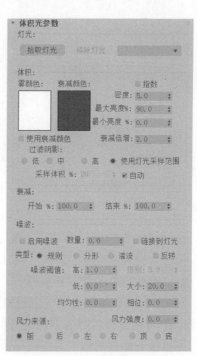

图 9.20 "体积光参数"卷展栏

1）"灯光"选项组

（1）拾取灯光：单击该按钮，在视口中添加体积光启用的灯光。

（2）移除灯光：单击该按钮，将灯光从列表中移除。

2）"体积"选项组

（1）雾颜色：设置组成体积光的雾的颜色。

（2）衰减颜色：体积光随距离从雾颜色渐变到衰减颜色。

（3）指数：随距离按指数增大密度。

（4）密度：设置雾的密度。

3）"噪波"选项组

（1）启用噪波：启用和禁用噪波。

（2）数量：雾的噪波的百分比。

（3）类型：设置噪波类型，包括规则、分形和湍流三种。

（4）反转：反转噪波效果。浓雾将变为半透明的雾，反之亦然。

9.3 "效果"选项卡

在"环境和效果"对话框中选择"效果"选项卡，如图 9.21 所示。

单击"添加"按钮，即可打开如图 9.22 所示的"添加效果"对话框，其中列出了 9 种效果，最常用的是"镜头效果"。

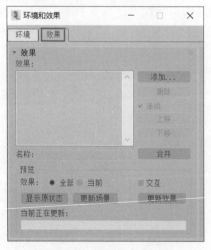

图 9.21 "效果"选项卡

图 9.22 添加效果

选择"镜头效果"并单击"确定"按钮后，"效果"选项卡如图 9.23 所示。"镜头效果"又包含光晕、光环、射线、自动二级光斑等 7 种类型。

1. "镜头效果参数"卷展栏

"镜头效果参数"卷展栏主要用来选择镜头效果的类型，在左侧列表中选择一种镜头效果，单击 ▸ 按钮，则选中的镜头效果即显示在右侧列表框中。如果不需要某个镜头效果，则可从右侧列表框中选中，单击 ◂ 按钮即可将其移除。图 9.24 是选择"光晕"效果的操作。

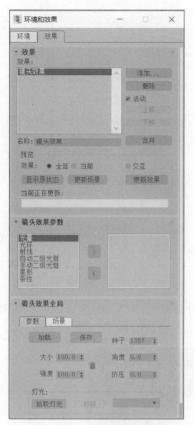

图 9.23　选择"镜头效果"后的"效果"选项卡

图 9.24　选择镜头效果

2. "镜头效果全局"卷展栏

"镜头效果全局"卷展栏包括两个选项卡：参数和场景，如图 9.25 所示。"参数"选项卡主要用来设置镜头效果的大小、强度、灯光等参数；"场景"选项卡主要用来设置与场景有关的一些参数。

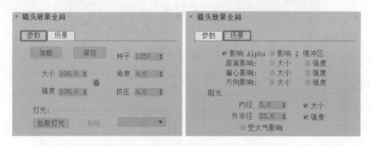

图 9.25　"镜头效果全局"卷展栏

3. "光晕元素"卷展栏

"光晕元素"卷展栏包括两个选项卡：参数和选项。"参数"选项卡主要用来设置"光晕元素"的大小、强度、颜色等参数，如图 9.26 所示；"选项"选项卡主要用来设置"光晕元素"的图像源、图像过滤器等参数，如图 9.27 所示。

以上只是镜头效果中的"光晕"效果的简要介绍，其他效果名目繁多，不再赘述，感兴趣的读者可查阅相关资料。

图 9.26 "参数"选项卡

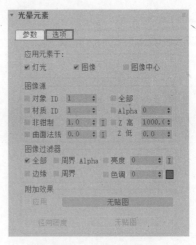

图 9.27 "选项"选项卡

【例 9.1】魔法粒子

本例中，创建一个"超级喷射"粒子系统和一条路径曲线，将粒子系统约束在路径曲线上，然后设置粒子的材质和光晕效果，动画效果如图 9.28 所示。

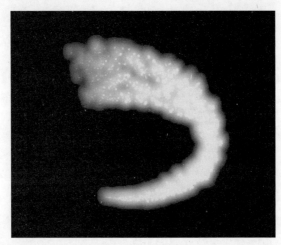

图 9.28 魔法粒子

（1）模型创建。

① 创建螺旋线。

执行"创建"→"图形"→"螺旋线"命令，在透视图中创建一条螺旋线，"半径 1"为 100，"半径 2"为 1，"高度"为 160，"圈数"为 3，如图 9.29 所示。

图 9.29 创建螺旋线

② 创建粒子系统。

执行"创建"→"几何体"→"粒子系统"→"超级喷射"命令，在透视图中创建一个"超级喷射"粒子系统，在参数面板中调整其参数，具体如图 9.30～图 9.33 所示。

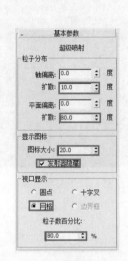

图 9.30 "基本参数"卷展栏

图 9.31 "粒子生成"卷展栏

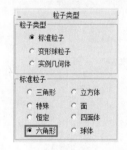

图 9.32 "粒子类型"卷展栏

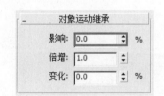

图 9.33 "对象运动继承"卷展栏

（2）材质和效果。

① 材质设置。

打开材质编辑器，选择一个空白样本球，将其命名为"粒子材质"，在"明暗器基本参数"卷展栏下勾选"面贴图"复选框；在"Blinn 基本参数"卷展栏下设置"漫反射"颜色为黄色，"自发光"下的"颜色"为 100，如图 9.34 所示，最后将编辑好的材质指定给粒子对象。粒子材质效果如图 9.35 所示。

② 效果设置。

为使粒子渲染效果更加绚丽，在材质基础上再为其增加光晕效果，操作如下：在视图中选择粒子对象并右击，在弹出的快捷菜单中执行"对象属性"命令，如图 9.36 所示；在弹出的"对象属性"对话框中，将"G缓冲区"选项组下的"对象 ID"数值修改为 1，如图 9.37 所示。

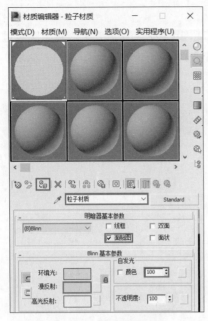

图 9.34 编辑粒子材质

图 9.35 粒子材质效果

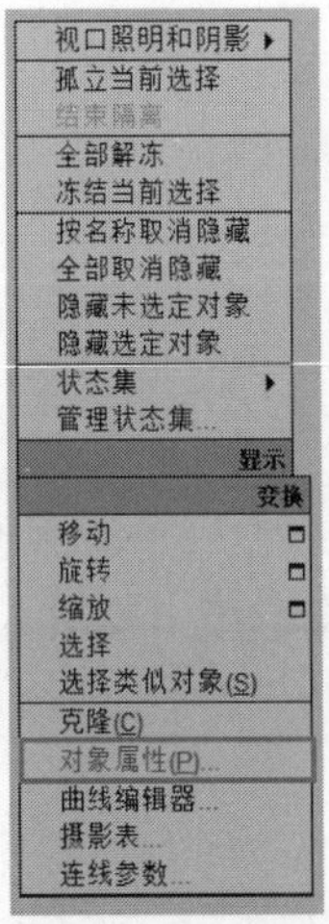

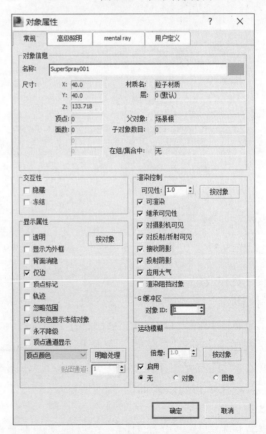

图 9.36 快捷菜单

图 9.37 "对象属性"对话框

　　执行"渲染"→"效果"命令，在打开的"环境和效果"对话框中，单击"添加"按钮，在弹出的"添加效果"对话框中选择"镜头效果"选项，单击"确定"按钮。

在"镜头效果参数"卷展栏中，选择"光晕"选项，然后单击">"按钮，即可看到右侧文本框中出现了 Glow，如图 9.38 所示。

在对话框下方的"光晕元素"卷展栏中，将"参数"选项卡中的"大小"数值设置为0.08，"强度"设置为 100，"使用源色"设置为 30，将"径向颜色"修改为黄色及白色，如图 9.39 所示。在"选项"选项卡中，勾选"对象 ID"复选框即可，如图 9.40 所示。

再渲染后，会发现粒子系统有了光晕，效果比之前更好，如图 9.41 所示。

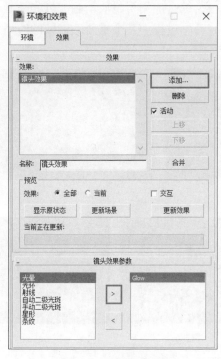

图 9.38 添加光晕效果

图 9.39 "参数"选项卡设置

图 9.40 "效果"选项卡设置

图 9.41 粒子系统光晕效果

（3）动画设置。

选择"超级喷射"粒子，执行"动画"→"约束"→"路径约束"命令，此时视图中粒子对象上会自动出现一条连线，将其拖动到螺旋线上，粒子即被约束到该路径上。播放动画，将会发现，粒子沿着螺旋线做着上升运动。

（4）渲染输出。

按照"2.2 参数动画"中的方法，对动画进行渲染输出，保存为 AVI 格式的文件。图 9.28 是其中的一帧。

9.4 综合实例：星球爆炸

本动画是一个综合性设计实例，在制作过程中，综合应用了材质动画、灯光动画、动画控制器、空间扭曲以及火效果等动画制作技术，动画过程中几个重要关键帧的渲染效果如图 9.42 所示。

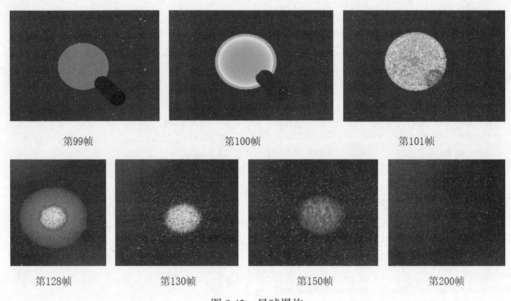

第99帧　　　　　　　第100帧　　　　　　　第101帧

第128帧　　　　第130帧　　　　第150帧　　　　第200帧

图 9.42　星球爆炸

1. 模型创建

1）创建星球

执行"球体"命令，在透视图中创建一个球体，将其命名为"星球"，设置"半径"为 500，"分段"为 128，如图 9.43 所示。

2）创建导弹

执行扩展基本体中的"胶囊"命令，在透视图中创建一个胶囊对象，命名为"导弹"，设置"半径"为 150，"高度"为 800，"边数"为 80，"高度分段"为 128，如图 9.44 所示。

3）创建导弹路径

执行"线"命令，在顶视图中从远离星球的地方开始，向星球处创建一条折线，命名为"导弹路径"，如图 9.45 所示。

选择"线"对象，切换到"修改"命令面板，展开"线"次物体层级，进入"顶点"次层级，在视图中框选所有顶点，在任意一个顶点上右击，在弹出的快捷菜单中执行"平滑"命令，即可将顶点模式由"角点"转换为"平滑"，再适当调整部分顶点，使路径曲线平坦光滑，效果如图 9.46 所示。

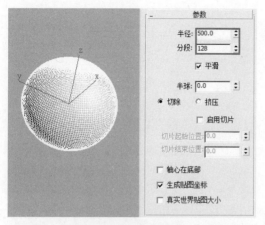

图 9.43　创建星球

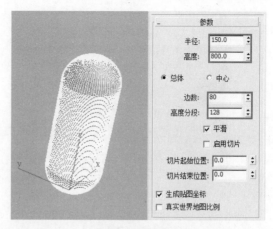

图 9.44　创建导弹

图 9.45　创建导弹路径

图 9.46　调整线

2. 材质贴图

1）导弹材质

选择导弹对象，打开材质编辑器，选择一个空白样本球，命名为"导弹材质"，在"明暗器基本参数"卷展栏下选择"金属"着色模式；在"金属基本参数"卷展栏中，设置"漫反射"和"环境光"颜色为黄色（红为 205，绿为 210，蓝为 150），"高光级别"为 45，"光泽度"为 65，如图 9.47 所示。

在"贴图"卷展栏下，单击"反射"后的长条按钮，在打开的"材质/贴图浏览器"对话框中勾选"反射"复选框，单击"确定"按钮，如图 9.48 所示。将编辑好的材质指定给选定对象，效果如图 9.49 所示。

2）星球材质

选择星球对象，打开材质编辑器，选择一个空白样本球，命名为"星球材质"，在"Blinn 基本参数"卷展栏中，设置"漫反射"颜色为亮蓝色（红为 0，绿为 215，蓝为247），勾选"自发光"下"颜色"复选框，设置"自发光"颜色为深红色（红为 245，绿为 58，蓝为 0）。

在"贴图"卷展栏下，单击"漫反射颜色"后的长条按钮，在打开的"材质/贴图浏览器"对话框中选择"细胞"类型贴图，单击"确定"按钮，如图 9.50 所示。

在打开的"细胞参数"卷展栏中，设置"细胞颜色"为深红色（红为 245，绿为 58，蓝为 0），"变化"参数为 5，"分界颜色"为紫红色（红为 248，绿为 143，蓝为 222）和亮蓝色（红为 0，绿为 215，蓝为 247），如图 9.51 所示。

将编辑好的材质指定给选定的星球对象，效果如图 9.52 所示。

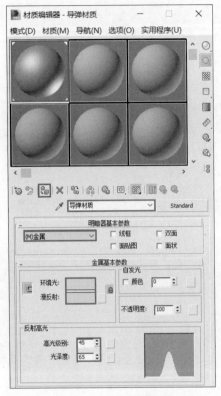

图 9.47 编辑导弹材质

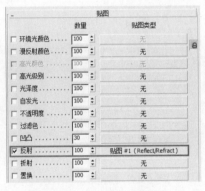

图 9.48 编辑导弹贴图

图 9.49 导弹材质效果

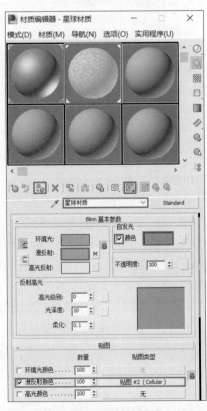

图 9.50 编辑星球材质

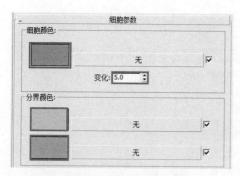

图 9.51 编辑细胞贴图

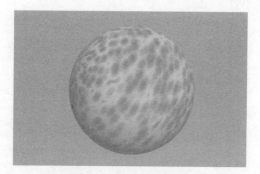

图 9.52 星球材质效果

3. 动画设置

1）导弹动画

选择导弹对象，执行"动画"→"约束"→"路径约束"命令，如图 9.53 所示，此时导弹上会出现一条虚线状橡皮筋，将其拖动到导弹路径上，导弹即被约束到该路径上；此时播放动画，可发现导弹已沿着路径由远到近向星球运动，但导弹运动方向不够自然，因此在右侧命令面板的"路径参数"卷展栏下勾选"跟随"复选框，导弹的运动方向将会比较自然，如图 9.54 所示。

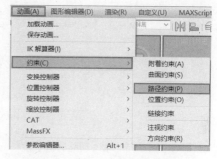

图 9.53 执行"路径约束"命令

图 9.54 导弹运动效果

2）修改动画时间长度

在动画控制区单击"时间配置"按钮，在打开的"时间配置"对话框中，将"结束时间"修改为 200，单击"确定"按钮，如图 9.55 所示，此时，动画时间长度即从原来的 100 帧转变为 200 帧。

3）创建"爆炸"空间扭曲

执行"创建"→"空间扭曲"→"几何 / 可变形"→"爆炸"命令，在视图中创建一个爆炸空间扭曲，命名为"星球爆炸"，设置爆炸参数如图 9.56 所示。用同样的方法，创建一个"导弹爆炸"，参数设置如图 9.57 所示。

单击界面上方标准工具栏中的"绑定到空间扭曲"图标，将星球与星球爆炸绑定，将导弹与导弹爆炸绑定。图 9.58 为第 101 帧时的爆炸效果。

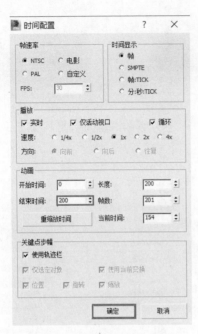

图 9.55 修改动画时间长度 图 9.56 创建星球爆炸 图 9.57 创建导弹爆炸

4）星球材质动画

在第 100 帧导弹碰撞星球引起两者同时爆炸之后，星球的材质将在第 100 ~ 140 帧发生变化。

选择星球对象，在动画控制区单击"自动"按钮，开始录制动画。打开材质编辑器，选择"星球材质"样本球，打开"贴图"卷展栏，第 140 帧时，将"漫反射颜色"数量值设置为 0，如图 9.59 所示；然后将第 0 帧产生的关键帧小方块拖动至第 100 帧。

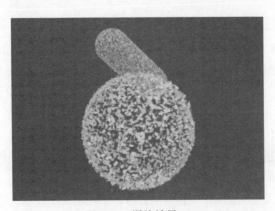

图 9.58 爆炸效果

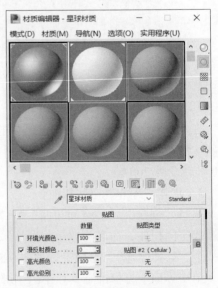

图 9.59 第 140 帧时材质参数

5）灯光动画

激活透视图，执行"视图"→"从视图创建摄影机"命令，在视图中创建一台摄影机；然后选择摄影机，将其隐藏。

执行"创建"→"灯光"→"标准"→"泛光"命令，在透视图中创建一盏泛光灯，在"强度/颜色/衰减"卷展栏下设置其"倍增"为0，颜色为亮蓝色（红为0，绿为215，蓝为247），在"远距衰减"选项组中勾选"使用"和"显示"复选框，设置"开始"为500，"结束"为550，如图9.60所示。

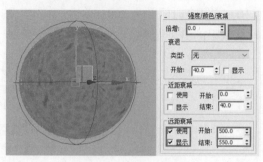

图9.60 创建泛光灯

执行"渲染"→"环境"命令，打开"环境和效果"对话框，在"环境"选项卡的"大气"卷展栏下单击"添加"按钮，在打开的"添加大气效果"对话框中选择"体积光"，单击"确定"按钮。然后在"体积光参数"卷展栏下单击"拾取灯光"按钮，在场景中拾取刚刚创建的泛光灯，如图9.61所示，最后关闭"环境和效果"对话框。

选择泛光灯对象，单击动画控制区的"自动"按钮，开始录制灯光动画。第101帧时，在"修改"命令面板中将灯光的"倍增"参数设置为2；此时将自动产生的第0帧关键帧小方块拖动至第99帧；在130帧时，将"倍增"参数设置为0，灯光的"倍增"动画录制完毕。

同时，在第130帧时，将"远距衰减"的"结束"参数设置为1200；将自动产生的第0帧关键帧小方块拖动至第99帧，完成灯光的"远距衰减"动画。

再次单击"自动"按钮，结束动画录制，图9.62是第100帧时的灯光效果。

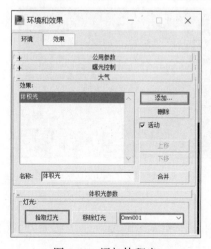

图9.61 添加体积光

图9.62 第100帧灯光效果

6）制作星球的火焰效果

执行"创建"→"辅助对象"→"大气装置"→"球体 Gizmo"命令，在透视图中创建一个球体 Gizmo，将其与星球中心对齐，设置其"半径"为600；在"大气和效果"卷展栏下单击"添加"按钮，在打开的"添加大气"对话框中选择"火效果"，下方文本框中即出现了"火效果"，选择"火效果"名称，单击下方的"设置"按钮，如图 9.63 所示。

在打开的"环境和效果"对话框的"火效果参数"卷展栏中，设置各个参数如图 9.64 所示；单击"设置爆炸"按钮后，在弹出的如图 9.65 所示的"设置爆炸相位曲线"对话框中，设置"开始时间"为100，"结束时间"为200，单击"确定"按钮，关闭各个对话框。

图 9.66 为第 128 帧时火效果的渲染结果。

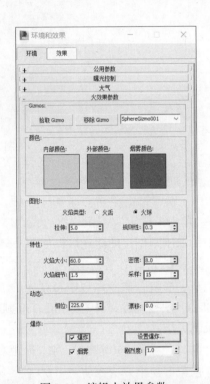

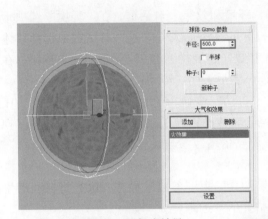

图 9.63　添加火效果　　　　　　　图 9.64　编辑火效果参数

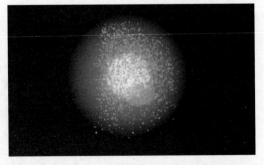

图 9.65　设置爆炸时间　　　　图 9.66　第 128 帧时火效果的渲染结果

4. 渲染输出

执行"渲染"→"环境"命令，选择一幅星空图片作为环境贴图；然后按照"2.2 参数动画"中的方法，对动画进行渲染输出，保存为 AVI 格式的文件。

第 10 章

动画输出与后期处理

动画制作完成后，最终都需要渲染输出；这些完成的渲染输出往往只是动画的一个镜头、元素，这些镜头、元素还需要进行剪辑、组织、艺术处理，再加上动画配音，最终输出能够播放的视频文件，即动画后期处理。本章主要介绍动画输出与后期处理两部分内容。

10.1 动画输出

在 3ds Max 中，动画输出的方式有两种：动画预演输出和动画正式输出。

10.1.1 动画预演输出

在动画制作完成后，为了能够快速看到动画的节奏与效果是否与动画脚本要求一致，并且节省正式渲染时间，在正式渲染之前通常需要进行动画预演。

1. 动画预演流程

（1）完成场景动画。

（2）创建预览动画。

执行"工具"→"预览 - 抓取视口"→"创建预览动画"命令，如图 10.1 所示，在弹出的"生成预览"对话框中进行相关设置，单击"创建"按钮即可生成预览动画。

（3）保存预览动画。

执行"工具"→"预览 - 抓取视口"→"预览动画另存为"命令，如图 10.1 所示，完成预览动画的保存。

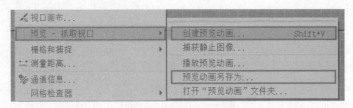

图 10.1　预览动画命令

2. "生成预览"对话框

执行"创建预览动画"命令后，弹出如图 10.2 所示的"生成预览"对话框，在该对话框中，通常需要设置以下参数。

（1）预览范围：指预览的时间范围。可以预览活动时间段或者用户自定义范围，都以帧为单位。

（2）帧速率：指每秒播放多少帧画面，一般调整为25（PAL制式）。

（3）图像大小：指预演图像的大小。输出百分比为50，代表是正式输出大小的一半。

（4）在预览中显示：勾选预演中需要显示的项目，通常保持默认值。

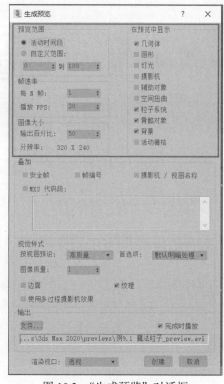

图10.2 "生成预览"对话框

10.1.2 动画正式输出

动画预演完成后，如果动画效果与预期效果相同，则可以对动画进行正式输出。

执行"渲染"→"渲染设置"命令，如图10.3所示，即打开如图10.4所示的"渲染设置：扫描线渲染器"对话框。

正式渲染的主要参数设置如下。

（1）时间输出：渲染动画通常要改为活动的时间段或范围。

（2）输出大小：可以是默认尺寸大小，也可以自己定义输出画面大小。

（3）渲染输出：在如图10.4所示的对话框下方有个"渲染输出"参数，如图10.5所示。动画渲染必须在渲染前指定保存的文件名称和类型，这一点是动画渲染和静帧渲染流程上的重要区别。

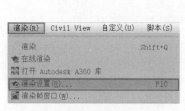

图10.3 执行"渲染设置"命令

图10.4 "渲染设置：扫描线渲染器"对话框

在"渲染输出"选项组单击"文件"按钮，出现很多可保存的文件类型，常用以下两种类型。

（1）动画视频格式文件：指 AVI、MOV 格式文件。其优点是能够用多种播放软件播放动画；其缺点是不能保存图像的各种通道信息，不方便在后期软件中进一步进行艺术加工。

（2）静态序列文件：通常有 TGA、RLA、JPG 序列文件。序列文件是指每帧渲染一张图片，它们按照次序排成序列。序列文件的优点是方便后期加工处理，缺点是只能用内存播放器或后期软件进行播放。

在 3ds Max 中播放序列文件的步骤如下：执行"渲染"→"比较 RAM 播放器中的媒体"命令，即打开"RAM 播放器"窗口；在对话框上方工具栏上单击"打开通道 A"按钮，弹出"打开文件，通道 A"对话框，选择要打开的文件，勾选"序列"复选框（此操作可以把所有连在一起的序列文件一次调入内存播放器中），单击"打开"按钮；根据系统提示加载好文件后，在"RAM 播放器"窗口工具栏上单击"向前播放"按钮，即可观看到序列文件的动画效果，操作过程如图 10.6 所示。

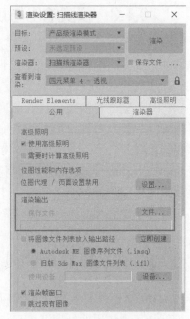

图 10.5　渲染输出

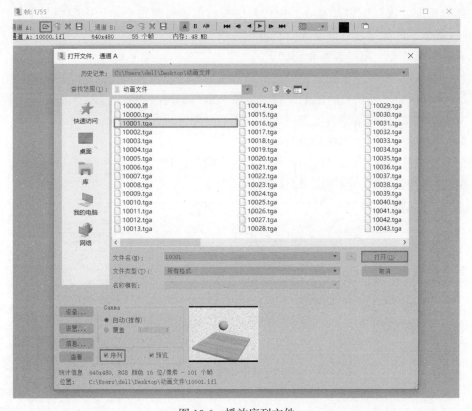

图 10.6　播放序列文件

10.1.3 预演输出与正式输出的异同

动画预演输出与动画正式输出都是动画制作过程中必不可少的组成部分，应该说每段动画正式输出前都会先进行一下动画预演。

这两者的优缺点如下。

（1）动画预演输出计算速度较快，正式输出速度较慢。一段十几秒的动画进行动画预演可能只要几分钟，但是正式渲染要几小时。通过预演动画发现动画中存在的问题可以节省制作时间。

（2）动画预演完成后可以将获得的动画文件交给后期人员进行配音、剪辑等处理，使动画制作同步进行。

（3）动画预演没有材质灯光效果，而正式渲染有很好的材质、灯光和大气特效等效果。

10.2 视频后期处理

3ds Max 软件提供了视频后期处理功能。执行"渲染"→"视频后期处理"命令，即可打开"视频后期处理"窗口，如图 10.7 所示。

"视频后期处理"窗口提供了合成的图像、场景和事件的层级列表，可以加入多种类型的项目，包括动画、滤镜、合成器等，将场景、图像、动画组合在一起产生组合图像效果，并能分段链接，以起到剪辑影片的作用。同时，还可以添加燃烧、光晕、淡入淡出等特殊效果。

"视频后期处理"窗口是独立的窗口，该窗口的编辑窗口会显示视频中每个事件出现的时间，每个事件都与具有范围栏的轨迹相关联。

"视频后期处理"窗口界面介绍如下。

（1）工具栏：罗列了影视后期处理的全部主命令按钮，各按钮的功能见表 10.1。

（2）队列窗口：提供要合成的图像、场景和事件的层级列表。

（3）编辑窗口：以条棒表示当前项目作用的时间区域。

（4）时间标尺：显示当前动画时间的总长度。

（5）状态栏：显示当前事件的开始帧、结束帧等信息。

（6）显示控制工具：控制编辑窗口的显示大小。

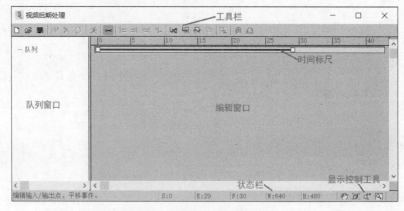

图 10.7 "视频后期处理"窗口

表 10.1　工具栏功能介绍

按钮与名称	功 能 简 介
新建序列	创建新图像序列
打开序列	打开存储在磁盘上的图像序列
保存文件	将当前图像序列保存到计算机
编辑当前事件	编辑选定事件的属性和类型
删除当前事件	删除图像队列中选定的事件
交换事件	切换队列中两个选定事件的位置
执行序列	对当前窗口中的图像序列进行渲染输出
编辑范围栏	对事件轨迹区域的图像范围栏提供编辑功能
将选定项靠左对齐	向左对齐两个或多个选定图像范围栏
将选定项靠右对齐	向右对齐两个或多个选定图像范围栏
将选定项大小相同	使选定的事件与当前的事件大小相同
关于选定项	将选定的事件端对端连接
添加场景事件	将选定摄影机视图中的场景添加至队列
添加图像输入事件	将静止或移动的图像添加至场景
添加图像过滤事件	提供图像和场景的图像处理
添加图像层事件	对分层队列中选定的图像添加合成插件
添加图像输出事件	提供用以编辑输出图像事件的控制
添加外部事件	为当前项目加入一个外部处理程序，如 Photoshop 等
添加循环事件	在视频输出中重复其他事件

【例 10.1】耀斑特效

本例中，通过视频后期处理中的镜头效果光斑进行图像特效处理，并渲染输出动画影片，效果如图 10.8 所示。

图 10.8　耀斑特效

（1）模型创建。

执行"长方体"命令，在透视图中创建一个长方体，将其命名为"地面"；在前视图中创建一个长方体，将其命名为"墙面"；在透视图中创建一个圆柱体，将其命名为"灯柱"；创建一个球体，将其命名为"灯罩"；创建一盏泛光灯。各模型参数见表 10.2。

表 10.2　模型参数

名　　称	命　　令	模 型 参 数
地面	长方体	长度为 8000，宽度为 25000，高度为 50
墙面	长方体	长度为 7000，宽度为 25000，高度为 50
灯柱	圆柱体	半径为 150，高度为 4000
灯罩	球体	半径为 250

模型创建完成后，运用移动、对齐等变换操作，将墙面与地面垂直放置，将灯罩与灯柱垂直中心对齐，将泛光灯与灯罩中心对齐，效果如图 10.9 所示。

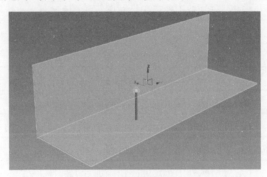

图 10.9　场景模型

（2）材质贴图。

给灯罩编辑一种半透明材质；给灯柱编辑一种金属材质；给地面指定一幅草坪贴图；给墙面指定一幅石材贴图。在"修改"命令面板中，将泛光灯的"阴影"启用，并修改阴影颜色为灰色。渲染效果如图 10.10 所示。

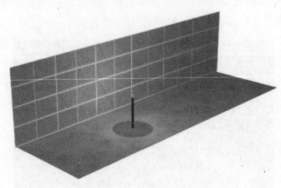

图 10.10　材质效果

（3）耀斑特效。

① 添加场景事件。

激活透视图，并将场景适当放大，执行"渲染"→"视频后期处理"命令，打开如图 10.11 所示的"视频后期处理"窗口。

单击窗口上方工具栏中的"添加场景事件"按钮，打开如图 10.12 所示的"添加场景事件"对话框。在该对话框的"视图"列表中选择"透视"，即将透视图作为场景视图；将"结束时间"设置为 100，单击"确定"按钮，即可在"视频后期处理"窗口中看到添加后的效果，如图 10.13 所示。

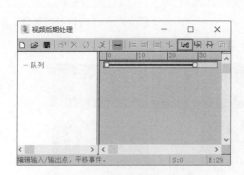

图 10.11 "视频后期处理"窗口

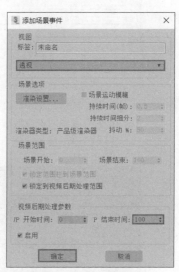

图 10.12 添加场景事件

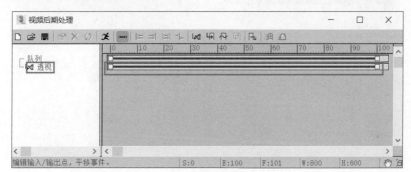

图 10.13 添加场景事件效果

② 添加图像过滤事件。

在"视频后期处理"窗口左侧列表中单击"透视"，然后在上方工具栏中单击"添加图像过滤事件"按钮 ，打开如图 10.14 所示的"添加图像过滤事件"对话框，在"过滤器插件"列表中选择"镜头效果光斑"，单击"确定"按钮后，在"视频后期处理"窗口中即可看到添加后的效果，如图 10.15 所示。

③ 设置图像过滤事件。

在"视频后期处理"窗口左侧列表中双击"镜头效果光斑"，打开"编辑过滤事件"对话框，如图 10.16 所示。在该对话框中单击"设置"按钮，即打开如图 10.17 所示的"镜头效果光斑"对话框。

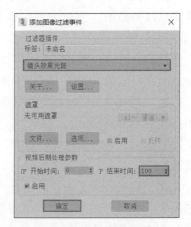

图 10.14 "添加图像过滤事件"对话框

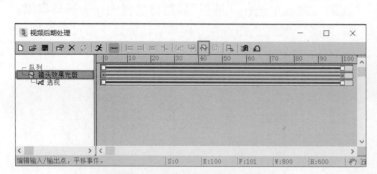

图 10.15 添加图像过滤事件效果 　　　　　　　图 10.16 "编辑过滤事件"对话框

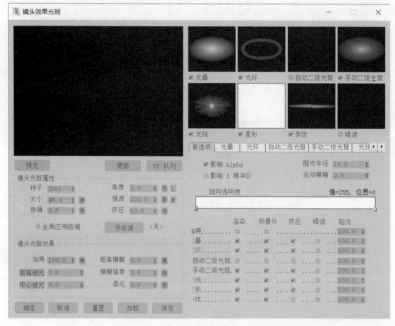

图 10.17 "镜头效果光斑"对话框

在"镜头效果光斑"对话框中单击"预览"按钮，这样在修改参数时，窗口中就可以实时更新光斑效果；单击"节点源"按钮，在打开的"选择光斑对象"对话框中选择泛光灯 Omni001，单击"确定"按钮后，显示窗口中就会显示出光斑效果，如图 10.18 所示。

在"镜头光斑属性"选项组中，将"强度"设置为80；在对话框右下角，勾选"自动二级光斑"后的"渲染"复选框，并将其后的"阻光"值设置为60，如图 10.19所示。

在"镜头效果光斑"对话框右侧选择"自动二级光斑"选项卡，在打开的参数面板上设置"最小值"为 5，"最大值"为 20，"数量"为 15，在"径向颜色"最右边色标上

图 10.18 设置"镜头效果光斑"1

右击，在弹出的快捷菜单中选择"编辑属性"命令，如图 10.20 所示，打开如图 10.21 所示的"标志属性"小对话框，单击其中的色块，在打开的"颜色选择器：颜色"对话框中设置红、绿、蓝分别为 153、7、0，单击"确定"按钮。

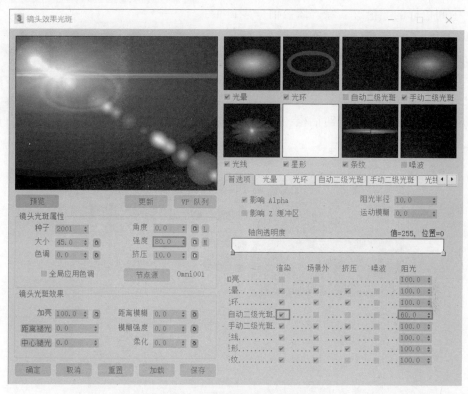

图 10.19　设置"镜头效果光斑"2

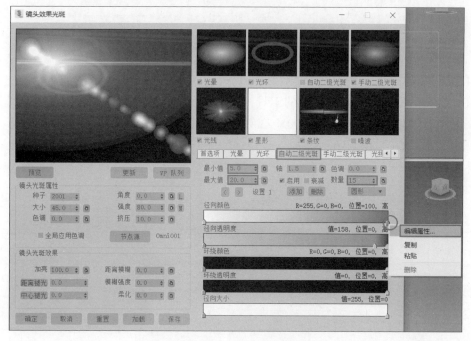

图 10.20　设置"镜头效果光斑"3

在"镜头效果光斑"对话框右侧选择"条纹"选项卡，在打开的参数面板上设置"大小"为100，"角度"为–25，"锐化"为2.0；将"径向颜色"中间色标的颜色红、绿、蓝数值分别设置为240、180、20，最右侧色标的颜色红、绿、蓝数值分别设置为240、0、0，参数及预览效果如图10.22所示。

设置完成后，单击"镜头效果光斑"对话框下方的"确定"按钮，关闭对话框，返回"视频后期处理"窗口中。

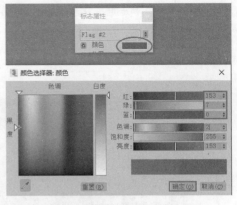

图 10.21 设置"镜头效果光斑"4

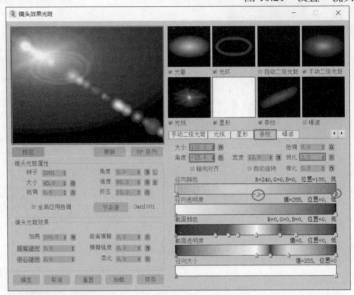

图 10.22 设置"镜头效果光斑"5

④ 执行序列。

在"视频后期处理"窗口上方的工具栏中单击"执行序列"按钮，打开如图10.23所示的"执行视频后期处理"对话框，在对话框中将"时间输出"设置为"范围"，并设置"输出大小"的参数，单击"渲染"按钮，软件将进行逐帧渲染。

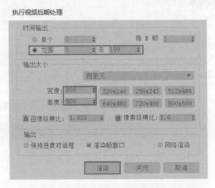

图 10.23 "执行视频后期处理"对话框

10.3 AE 后期处理

利用 3ds Max 软件制作的三维动画，除了可以利用软件内部提供的"视频后期处理"功能对动画进行处理之外，更多情况下是在专门的后期处理软件中完成此项工作的。

专门的后期处理软件很多，应用广泛且功能强大的主要有 Adobe After Effects、Adobe Premiere 等。本节将简要介绍 Adobe After Effects 的应用，具体功能及操作技巧请读者参阅相关书籍。

Adobe After Effects 简称 AE，是 Adobe 公司开发的一款视频剪辑及设计软件。AE 是进行动态影像设计不可或缺的辅助工具，是视频后期合成处理的专业非线性编辑软件。AE 应用范围广泛，涵盖影片、广告、网页及游戏等领域。

AE 保留了 Adobe 软件优秀的兼容性，它可以非常方便地调入 Photoshop 和 Illustrator 的层文件，Adobe Premiere 的项目文件也可以近乎完美地再现于 AE 中。新版本还能将二维和三维在一个合成中灵活混合。

10.3.1 AE 界面介绍

After Effects 2019 软件界面如图 10.24 所示，除了常规的菜单栏、工具栏之外，主要包括如下几部分。

（1）素材窗口：后期合成需要用到的素材放置于此窗口中。双击窗口空白处，可以快速导入素材。

（2）项目预览窗口：主要用来预览素材和动画效果。

（3）时间轴（编辑窗口）：动画素材编辑、剪辑窗口，是 AE 软件的主要编辑区。

（4）控制窗口：主要控制动画的播放、预览。

图 10.24　After Effects 2019 软件界面

10.3.2 AE 后期处理工作流程

用 3ds Max 软件渲染出 TGA 或 RLA 序列文件后，下一步工作就是运用后期处理软件进行合成输出。AE 后期处理工作流程如下。

1. 准备好需要合成的动画素材

3ds Max 软件渲染出的合成素材文件类型很多，最常使用的是 TGA 序列文件，图 10.25 是 3ds Max 渲染出的 TGA 序列文件。

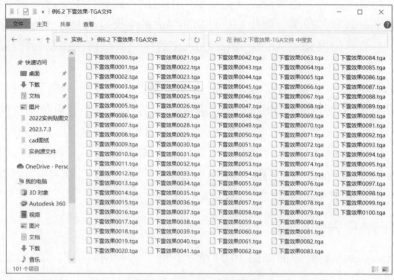

图 10.25　TGA 序列文件

2. 新建一个合成

在 AE 中执行"合成"→"新建合成"命令，打开"合成设置"对话框，在对话框中设置合成名称、动画合成的画面宽度和高度、帧速率、动画合成时间长度等，如图 10.26 所示。

动画合成的画面长宽一般以动画素材长宽为标准；帧速率通常采用中国采用的 PAL 制式，即 25 帧/秒；合成的时间长度可以先给一个较小值，时间长度不够时可以执行"合成"→"合成设置"命令，在打开的对话框中进行修改。

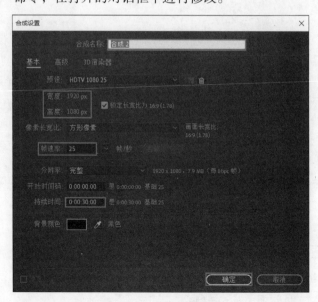

图 10.26　新建一个合成

3. 导入动画素材

双击素材窗口空白区域，选择需要导入的动画素材，导入 TGA 序列文件时需要在对话框下方勾选"Targa 序列"复选框，勾选后会把前后相连的镜头关键帧画面一次导入，如图 10.27 所示。

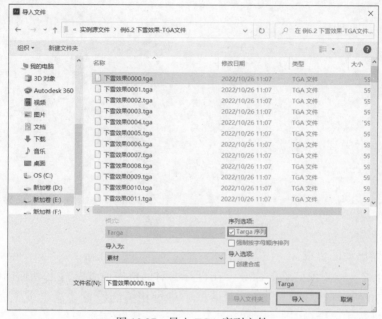

图 10.27　导入 TGA 序列文件

4. 修改素材相关参数

选择导入的素材，发现素材默认帧速率是 30 帧 / 秒，在动画素材上右击，在弹出的快捷菜单中执行"解释素材"→"主要"命令，如图 10.28 所示，将打开"解释素材"对话框，在该对话框中即可修改帧速率。所有导入的素材可用此方法逐一修改。

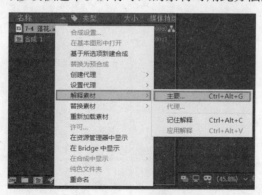

图 10.28　执行"解释素材"命令

5. 编辑合成素材

素材导入后，将它们依次放置在时间轴上，如图 10.29 所示。将动画镜头合理衔接，是一个非常需要耐心的细致的调节过程。拖动时间轴，使用 B 键设置动画输出的起点，使用 E 键设置动画输出的终点。

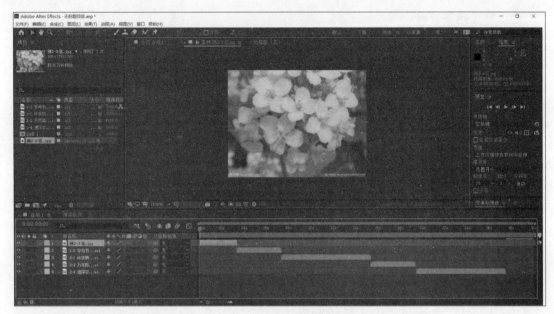

图 10.29　编辑合成素材

6. 渲染输出动画合成

执行"合成"→"预渲染"命令，在打开的对话框中设置文件名和输出的文件类型，并在如图 10.30 所示的"渲染设置"对话框中进行相关的设置。输出设置完成后，单击"渲染"按钮进行正式输出。

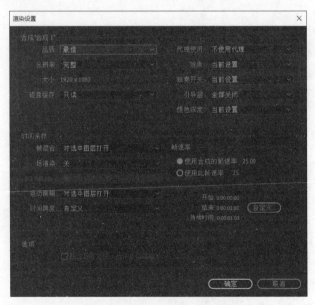

图 10.30　"渲染设置"对话框

10.3.3　动画成片输出与压缩

输出的动画最终成品不压缩是不可能的，如果不压缩，那么 3 分钟的动画可能就有 2 ～ 3GB，文件太大将导致计算机硬件无法播放。

最终的动画成片输出有两种压缩模式：第一种是在 AE 中直接压缩；第二种是在 AE 中输出未压缩文件，然后通过其他压缩软件进行压缩。目前，越来越多的动画设计工作者倾向于使用第二种方法。

1．在 AE 中直接压缩

在输出设置的格式选项中选择压缩格式，推荐使用 ffdshow Video Codecd 压缩格式。

2．在 AE 中输出后压缩

目前，可以提供视频压缩的工具软件很多，其中较为优秀的如格式工厂（Format Factory）和 WinAVI Video Converter 等，这些压缩工具各有其优点，操作都比较简便，一般要求选择压缩的目标格式，在弹出的对话框中选择需要压缩的视频文件就可以，用户可在使用过程中不断积累实战经验。

参考文献

[1] 彭国华，陈红娟，梁海鹏.3ds Max 数字动画实用教程 [M].北京：电子工业出版社，2017.

[2] 唐杰晓，赵媛媛.3ds Max 三维动画设计与制作 [M].2 版.北京：化学工业出版社，2020.

[3] 成健.3ds Max 动画设计与制作从新手到高手 [M].北京：清华大学出版社，2020.

[4] 任肖甜.3ds Max 动画制作实例教程 [M].北京：中国铁道出版社，2016.

[5] 孙杰.3ds Max 2016 动画制作案例课堂 [M].2 版.北京：清华大学出版社，2018.

[6] 李文杰，李铁，刘配团.3ds Max三维动画特效 [M].北京：清华大学出版社，2013.

[7] 高文胜.三维动画设计基础 [M].北京：北京理工大学出版社，2012.

[8] 詹青龙.三维动画设计与制作技术 [M].北京：清华大学出版社，2012.

[9] 高文铭，吴思.三维动画制作项目实战 [M].北京：北京理工大学出版社，2009.

[10] 邵丽萍，柯新生，吕希艳.3ds Max 动画制作技术 [M].2 版.北京：清华大学出版社，2007.